BOOK
DESI

# 书籍设计与印刷工艺

## BOOK DESIGN & PRINTING PROCESS

朱小乐◎著

PRINT
CESS

化学工业出版社
·北京·

## 内容简介

《书籍设计与印刷工艺》以书籍整体设计为线索，以古今中外优秀书籍设计作品为案例，探索各种历史书籍形态的演变与创新，并系统讲述书籍设计与印刷工艺各个环节的设计方法与技术要点，阐释书籍作为艺术与技术统一体的创意物化过程。

本书集实用性、艺术性、欣赏性、创新性于一体，适合高等院校视觉传达设计专业的师生以及准备进入设计印刷行业的从业人员学习和参考。

**图书在版编目（CIP）数据**

书籍设计与印刷工艺/朱小乐著. —北京：化学工业出版社，2020.9（2024.11重印）

ISBN 978-7-122-37818-7

Ⅰ.①书… Ⅱ.①朱… Ⅲ.①书籍装帧-设计-高等学校-教材②印刷-生产工艺-高等学校-教材 Ⅳ.①TS881②TS805

中国版本图书馆CIP数据核字（2020）第184528号

责任编辑：王　烨　　装帧设计：刘丽华　朱小乐
责任校对：王　静

出版发行：化学工业出版社
（北京市东城区青年湖南街13号　邮政编码100011）
印　　装：涿州市般润文化传播有限公司
710mm×1000mm　1/16　印张15¼　字数276千字
2024年11月北京第1版第2次印刷

购书咨询：010-64518888　　售后服务：010-64518899
网　　址：http://www.cip.com.cn
凡购买本书，如有缺损质量问题，本社销售中心负责调换。

定　　价：99.00元　

# 序

不论是传道、授业、还是解惑，一名设计教育工作者的治学成果和业务经验都需要借助媒介传播给学生，在此过程中，专业著作扮演了非常重要的角色。

“因材施教”是我国古代大教育家孔子提出的伟大思想，渗透于教育行业的方方面面，对于专业著作的编撰而言，从受众出发，充分考虑读者的特点和需求，然后进行定位和选题，是践行这一理念的正解。本书的多数读者将是设计专业的在校学生。当下，设计行业正在经历科技、社会、文化等因素带来的多重变革，培养“创新型”人才成为很多高校与时俱进的共同目标。设计行业是公认的创意行业，创意行业需要“创新”，但“创新”不是空穴来风，需要从业者具备扎实的基本功。牢固的基础可以为设计师进行“创新”提供动力和底气。对于艺术设计这类应用性较强的学科，高等教育应该赋予学生更扎实的基础和更强大的发展潜力，以使他们在毕业后的竞争中获得信心并赢得发展机会，这主要取决于学生在大学期间接受教育的质量。

造纸术、印刷术既是中国古代四大发明中的两大成就，也是书籍广泛传播的技术基础，但中国现代书籍设计的概念、形态和生产工艺都是由西方引入的，包括书籍设计的教学体系，也深受西方影响。继承和延续中华文明的技、艺宝藏，中外交融，扬弃并举，是复兴中国书籍设计的必由之路。从这个角度出发，编写有关书籍设计的著作，为书籍设计专业建设做好基础工作，是书籍设计教育者的天然使命。本书的作者朱小乐女士即是担当起这份责任，她将多年的业务经验与知识储备提炼、升华，结合教学实际，融入新的设计和教学观念，认真整理编纂，形成治学资源，以本书作为媒介，分享于读者案前，为书籍设计教学工作添砖加瓦。

本书体现出了包豪斯所倡导的“技”“艺”并重的教学理念，强调书籍设计与印刷工艺的连贯性。充分发掘了书籍形态的演变历史，详细介绍了印刷工艺的基本环节，结合业务实践中的常见问题，专门列举了注意事项。本书注重应用技能的培养，希望以过硬的技术能力来提升设计师的艺术修为，在内容设置上亲和力强，兼顾初学者的理解能力和认知水平，力争帮读者启蒙和形成一个全面、整体的职业认知和设计思维，易于学生将知识和经验转化到应用实践中去。客观地讲，这是一本能够帮助学生夯实专业基础的著作。

山东大学新闻传播学院教授、博士生导师
山东大学品牌与传播研究所所长

# 前 言

书籍是人类文明的载体，它凭借着文字、图形、符号，记录着人类的思想感情，阐述着人类文明发展的历程。

书籍设计家杉浦康平先生说：“书籍设计以包容生命感的造型为突破点，从浩瀚雍繁、魅力无边的图像中寻找源流，从层层包容着无限内涵的造型中分辨破译，寻找宇宙万物的共通性与包罗万象的情感舞台。”

有鉴于此，书籍作为人类传播知识经验、积淀文化成果的工具，因其信息承载量丰富、便于流通和保存且极具人文情怀，成为人类沟通交流思想的完美产物。即便是在网络迅速发展的今天，书籍仍未失去其独特的魅力。

书籍设计是对书籍整体的设计，贯穿从书稿到印刷成书的全部流程，包括开本、封面、护封、环衬、扉页、内文、版式、插图、书函、装订方法、材料工艺等内容形式要素。

书籍设计与印刷工艺是一项前后关联、相辅相成的工作。书籍设计者不但要通过平面构成和版面创意去设计书籍的整体形式，还需要了解印刷工艺中诸多因素的影响，因为书籍设计的工作最终将以印刷工艺来实现。特别是印前设计中关键的要素，因为这些要素控制着书籍成品的质量。印后加工工艺对于书籍设计来说也是至关重要的，设计师需要掌握印后加工的相关知识，了解不同的加工工艺效果，才能准确地预期书籍的成品效果并进行合理设计。

其实德国第一个设计组织德国工业同盟（Deutscher Werkbuod）早在1907年就提出艺术、工业、手工艺相结合的宗旨；著名的包豪斯（Bauhaus）学院就曾经开设了印刷工艺技术基础课程，而且专门设立印刷工作室进行印刷设计。“艺术家必须学习如何去直接参与大规模的生产，而工业家也必须认清如何接受艺术家能够生产的价值”，包豪斯院长瓦尔特·格罗皮乌斯（Walter Gropius）认为设计教育应该是重视技术性的基础与艺术式的创造的合一。

诺贝尔奖获得者李政道先生曾说过:“科学与艺术是一枚金币的两个面，最好的科学是艺术的，最好的艺术是科学的。”我认为用它来形容书籍设计与印刷工艺再贴切不过了。任何时代的设计艺术都是与科学技术同步发展并紧密结合的。设计的发展一直追随着人类文明与文化的进程，当代社会新技术、新材料、新工艺的应用作为设计的重要特征，使得作为书籍设计重要载体的印刷工艺也变得更加绚丽多彩。我们只有在对“技术”充分了解的基础上，才能更好地让“技术”为“艺术”服务，为社会服务。

书籍设计与印刷工艺是一个追求尽善尽美的过程，而作为一个合格的书籍设计者，除了能够熟练地操作计算机软件，还应对整个印刷流程与材料工艺有全面系统的了解，才能设计出更具创新、更加精彩、更富特色的印刷品。这也是本书希望达到的目的。

本书的读者对象主要是普通高等院校视觉传达设计专业的学生。笔者结合多年的工作实践经验而编写本书，希望能对同学们起到启蒙指导作用，是为初衷。

著者

# 目　录

# 第一章 书籍设计概述

书籍设计贯穿从书稿到印刷成书的整个流程，是对一本书的整体设计，包括开本、封面、护封、环衬、扉页、版权页、内文、版式、插图、书函、装订形式、印刷工艺、装帧材料等内容。

一年一度莱比锡“世界最美的书”是书籍设计领域一项颇负影响力的评选活动，所评选出的作品都具有打动读者的美。它的评比依据：“一是能将书籍内容主题准确地传达给读者；二是强调超越、有创造性；三是注重印刷、装订的品质。”由此标准，我们不难领悟书籍设计师的责任与努力的方向。

书籍设计是一门综合性、实用性的交叉学科,不仅包含视觉传达要素的设计，还包含纸张、材料、印刷工艺、装订等各方面的统筹和策划，属理论与实践相结合的课程。

“世界最美的书是由德国图书艺术基金会主办的评选活动，距今已有近百年的历史，代表了当今世界书籍艺术设计的最高荣誉，评委会由来自德国、英国、瑞士、荷兰、罗马尼亚等国的著名书籍艺术家、专家组成。”

图 1-1 2016 年“世界最美的书”金奖
书籍设计：李瑾

图 1-2 2004 年“世界最美的书”金奖
封面设计：张志伟

“每年一届的世界最美的书共评选包括金字母奖一名，金奖一名，银奖两名，铜奖五名，荣誉奖五名，共计14种获奖图书。”

图1-1、图1-2为我国荣获“世界最美的书”金奖作品；图1-3为2019年“世界最美的书”荣誉奖作品。

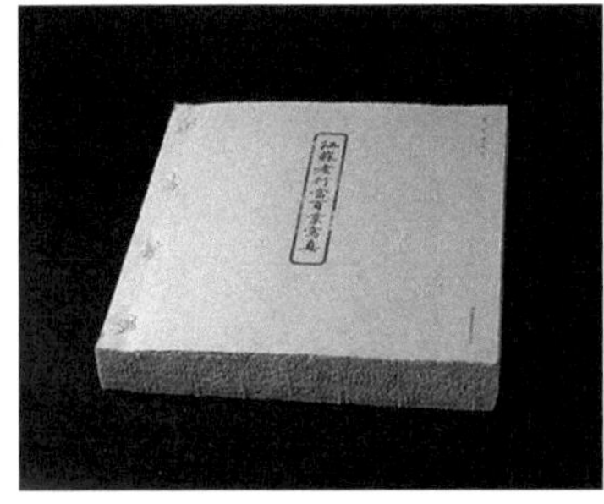

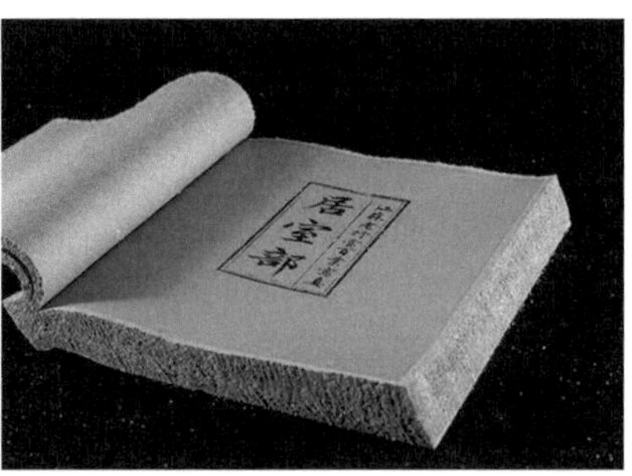

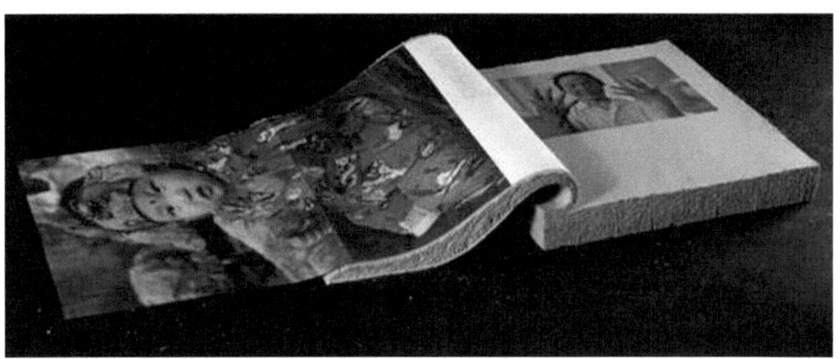

图 1-3 《江苏老行当百业写真》 书籍设计：周晨

“世界最美的书”我国获奖作品：

| 年份 | 所获奖项 | 获奖作品 |
| --- | --- | --- |
| 2004 年 | 金奖 | 《梅兰芳（藏）戏曲史料图画集》 |
| 2006 年 | 荣誉奖 | 《曹雪芹风筝艺术》 |
| 2007 年 | 铜奖 | 《不裁》 |
| 2008 年 | 荣誉奖 | 《蚁呓》 |
| 2009 年 | 荣誉奖 | 《中国记忆——五千年文明瑰宝》（图 1-4） |
| 2010 年 | 荣誉奖 | 《诗经》（图 1-5） |
| 2014 年 | 铜奖 | 《刘小东在和田 & 新疆新观察》 |
| 2016 年 | 金奖 | 《订单——方圆故事》 |
| 2016 年 | 铜奖 | 《学而不厌》 |
| 2017 年 | 银奖 | 《虫子书》（图 1-6） |
| 2017 年 | 荣誉奖 | 《冷冰川墨刻》（图 1-7） |
| 2018 年 | 银奖 | 《园冶注释》 |
| 2018 年 | 荣誉奖 | 《茶典》 |
| 2019 年 | 荣誉奖 | 《江苏老行当百业写真》 |

图 1-4 《中国记忆——五千年文明瑰宝》 书籍设计：吕敬人

图 1-5 《诗经》 书籍设计：刘晓翔

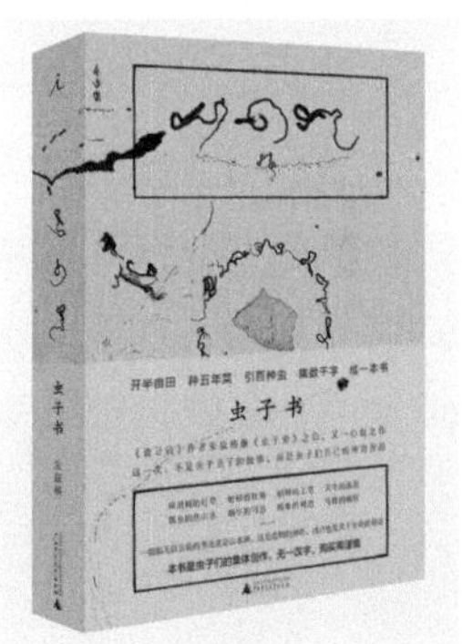


图 1-6 《虫子书》
书籍设计：朱赢椿

图 1-7 《冷冰川墨刻》 书籍设计：周晨

“中国最美的书是2003年开始由上海市新闻出版局主办的评选活动，一年一次，以书籍设计的整体艺术效果和制作工艺与技术的完美统一为标准，邀请海内外顶尖的书籍设计师担任评委，评选出中国大陆出版的优秀图书20本，授予年度‘中国最美的书’称号并送往德国莱比锡参加‘世界最美的书’的评选。”

此评选活动自开展以来推动了我国书籍设计的发展，推出了许多非常值得学习与借鉴的优秀作品。图1-8 ~图1-13为2017、2018年度部分获奖作品。

图1-8《炫彩童年：中国百年童书精品图鉴》
书籍设计：张志奇工作室

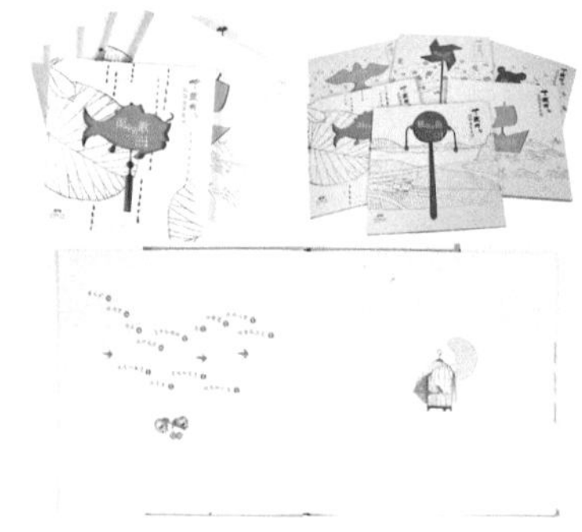

图1-9 《中国绘·诗韵童年》
书籍设计：高豪勇 刘慧

图1-10《彩虹汉字丛书·触摸阳光草木》
书籍设计：姜海涛 蔡立国

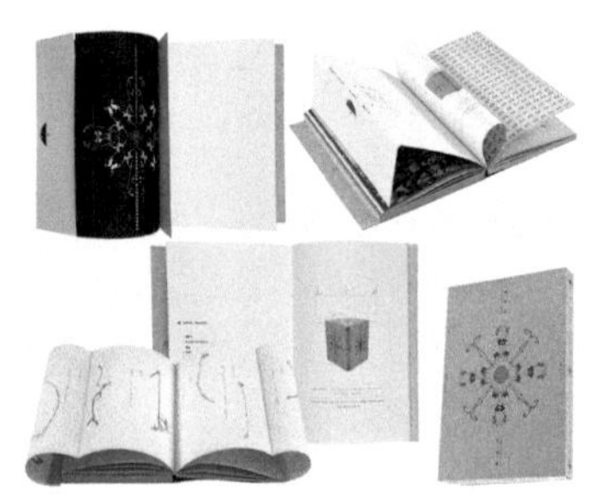

图1-11《便形鸟》
书籍设计：朱赢椿 皇甫珊珊

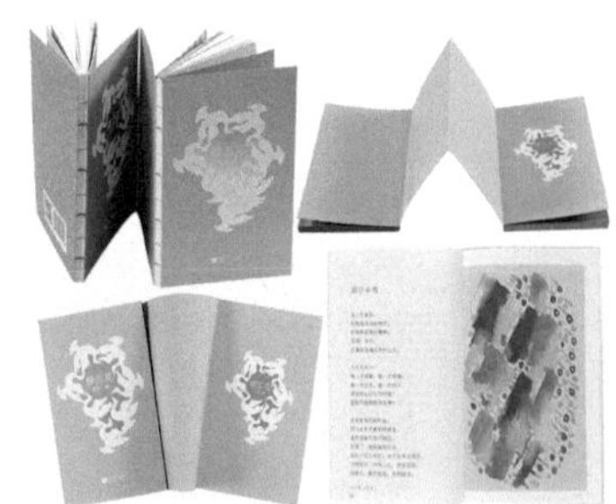

图1-12 《蝶恋花》 书籍设计：吾要

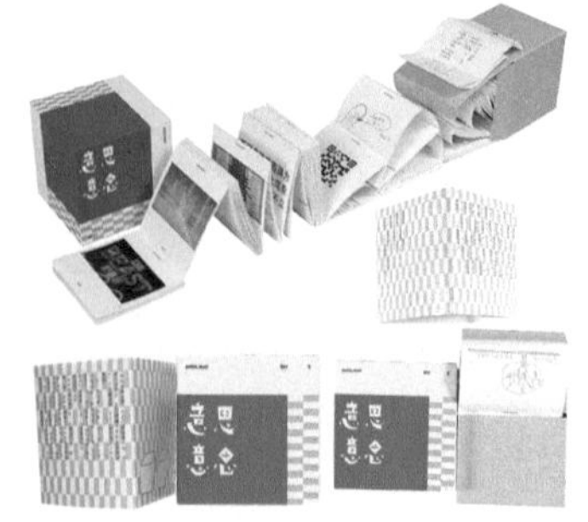

图1-13 《意思意思》 书籍设计：刘伟

## 第一节　书籍的历史渊源

文字是书籍产生的基本条件，有了文字就必须要有书写的材料，在龟甲、兽骨上刻甲骨文，以及在青铜器上铸钟鼎文，都是书籍形式的孕育阶段。

《易经》里说：“上古结绳而治，后世圣人易之以书契。”

远古时期，人类除了用语言传递信息外，还用结绳、刻木来记载事情，用以交流思想，传播知识（图1-14、图1-15）。

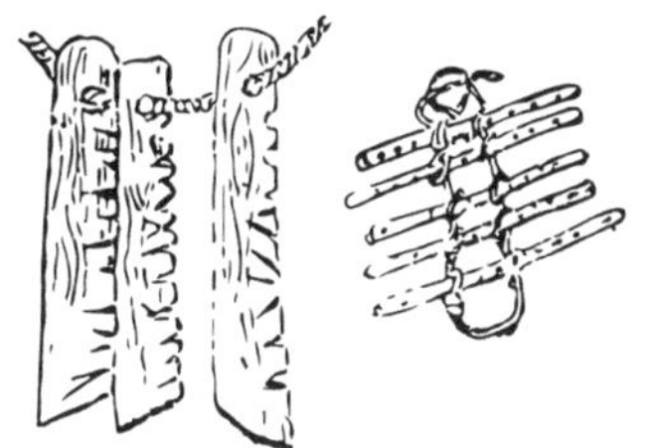

图 1-14　木刻条痕记事

图 1-15　结绳在文字中的痕迹

文字是依附于载体的，由文字和载体构成的一个整体往往称之为“书”。《尚书·多士篇》说：“惟尔知，惟殷先人有册有典，殷革夏命。”殷商时期，人们以龟甲、兽骨作为书写材料，“册”字在甲骨文中的意思就是将刻在龟甲和兽骨上的文字串联在一起的意思。甲骨文又叫契文，是殷代的一种档案文献，在龟尾的右下方，常刻有册六、纶六、丝六等字样，这是龟版编号，它的作用在于使龟版排列有序，龟甲中央有孔洞，再以韦编贯穿，可以防止龟甲散乱。郑振铎在《插图本中国文学史》中说：“许多龟板穿成册子”，这种册子又叫“龟册”。“典”与“册”的象形文字，是那个时代装订形式的生动写照。在陕西周原发现的西周早期的甲骨文片上，有用绳索串连的痕迹，人们认为这是书装的萌芽阶段。

西周时期，青铜器已经发展到全盛阶段，人们往往会在器盖的背面和器身的内侧，留下一些关于战争、律令、典礼等政治事件的记载，这些文字刻在金石上的原因，是先民们担心其他东西无法永久保留，惟恐后世无法知晓的缘故。例如西周早期的《大保方鼎》铸有“大保铸”三个字，后期的《毛公鼎》铸有四百九十余字。

在秦汉时期流行石刻，以碑、碣、摩崖的形式记录了帝王的辉煌业绩以及经典著作，并可用于大众阅览。我们现在能看到的最早的石刻文字是秦国的石鼓文，将文字刻在十块天然的状如鼓形的石头上，如图1-16、图1-17所示。每个石鼓刻着一首四言诗，分别记载着秦国皇帝选车夫、备器械、打猎等。

图 1-16 石鼓文（一）

图 1-17 石鼓文（二）

图 1-18 熹平石经（一）

图 1-19 熹平石经（二）

《熹平石经》是东汉熹平年间，蔡邕等一批书法家以汉隶书写的儒家经典，镌刻在46块石碑之上作为经书的范式，矗立在洛阳太学门外，供人们阅读与抄录，被称为中国第一部大型石头书，如图1-18、图1-19所示。

汉字大篆、小篆、隶书、草书、楷书、行书等字体的发展，又推动了书籍材料和装帧形式的演变。缣帛书是简牍的演绎，后来造纸术的出现，纸张逐渐代替简策，更是给书籍设计带来了革命性的变化。

# 第二节　书籍的形态演变

造纸和印刷技术对书籍设计的发展起着重要的推动作用。当繁重的手抄作业被印刷术取代后，讯息传递的周期大幅缩短，因而快速促进提升了书籍的数量和审美趣味。我国书籍的装订方式也经历了数次演变，历史上曾经出现过简牍装、缣帛装、卷轴装、梵夹装、经折装、旋风装、龙鳞装、蝴蝶装、包背装、线装等。

## 一、简牍装——我国最早的书籍形态

简牍，中国最早的书籍形式，用毛笔蘸墨书写而成，始于周，盛行于秦汉。简策指竹片成书，版牍指木片成书，两者统称为简牍。

### （一）简策

用竹子劈成薄薄的细竹片，在竹片上书写称之为“简”；将若干个简串联起来称之为“策”，也叫“简策”，如图1-20～图1-24所示。因为新竹容易受虫害，所以“简”在生产时必须先烘干除去其水分，称之为“杀青”。竹简长度通常分为三种，三尺、尺半和一尺，成“策”的方法是用绳子将简按次序串联。为了结实不致散落，有的简在两端各钻一小孔并用绳子绕“8”字串联。简策的最后一根叫“尾简”，收卷时自左向右以这根尾简为中轴，把每策卷成一卷，篇名和篇次显露在外面，便于人们检阅和查找，可以认为是现代书籍目录的渊源。简策的收藏方式是用柔软的丝织品如帛之类做一个囊袋，把“简策”装起来存放。

汉代时简策已有规制，前后各留两根空白以保护中间的内容，称为“赘简”，类似今天的护页，接下来是篇名、作者和正文。若一部书有许多策，就用布或者帛包裹，称为“囊”，等同于今天的书函。

自简策开始，历代的典籍都有了一定的形式，对中国的图书文化有着极为重要而深刻的影响。例如后世的书籍都是从右至左、从上到下的书写次序；今天依旧在使用的一些书籍单位、称谓、术语等，还有“行格”的格式，都可以追溯到这一时期。

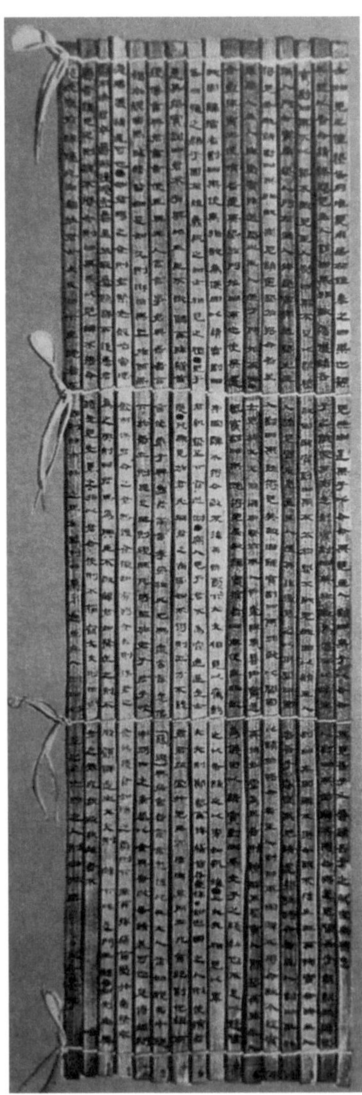

图 1-20 汉代简策

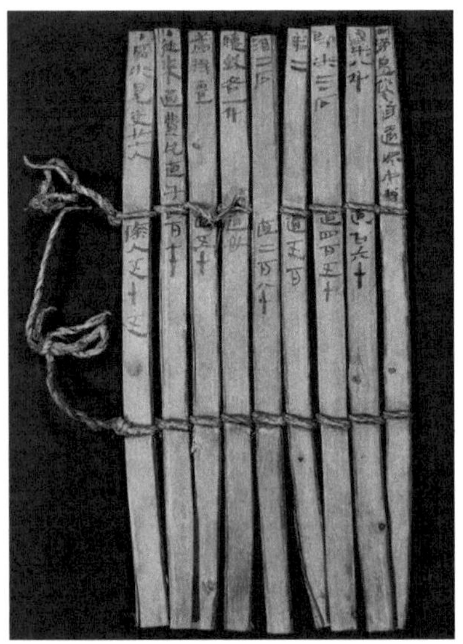

图 1-21 简策（一）

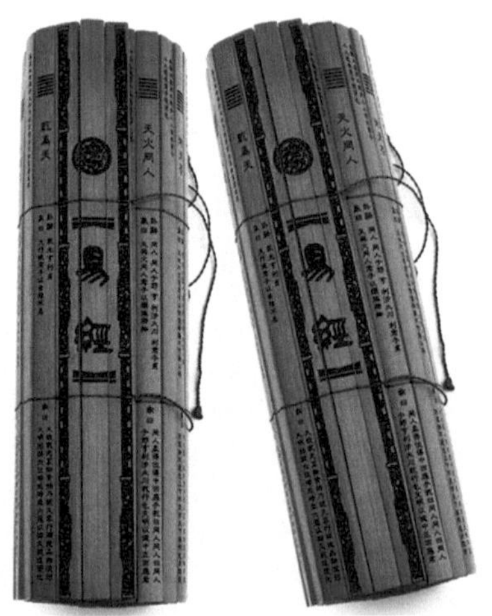

图 1-22 简策（二）

图 1-23 简策（三）

图 1-24 《兰亭序》 张倩 赵丽设计

（二）版牍

把树木锯成段并剖成薄板刨平，在上面书写称为“牍”，又叫“版牍”，如图1-25 ~图1-27所示。常和竹简相提并论的木牍，其长度一般有二尺、一尺五寸、一尺，也有长五寸的，因其功用不同而有所区别；其宽度一般为长度的三分之一，行文通常采取数行并联的形式。木牍上记录的文字一般叫做“方”或“版”。《说文解字》：“牍，书版也。”所以后世也称“方、版”为“版牍”。因为版牍面积大，所以古代的地图与书信之类常用版牍，地图也被称作“版图”，书信定制为一尺称为“尺牍”。

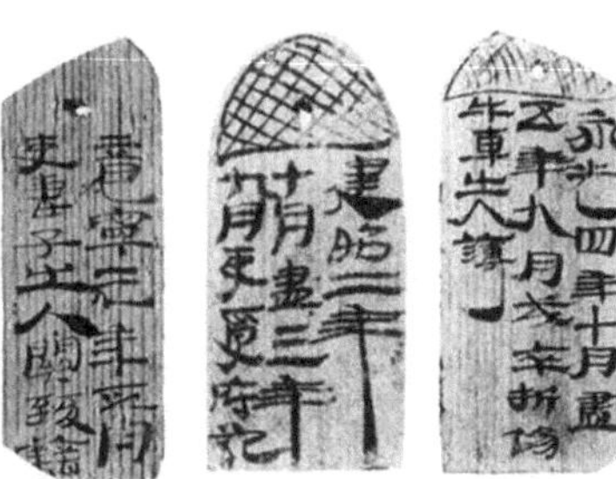

图 1-25 版牍（一）

图 1-26 西汉版牍

图 1-27 版牍（二）

（三）缣帛书

缣帛书出现和使用在简牍盛行的时期。由于简牍分量重，阅读携带不便又占地方，逐渐被一种更轻便的帛所替代。许慎在《说文解字 · 序》中说：“著于竹帛谓之书”。《墨子》中提到“书于竹帛”，就是指在用竹简的同时又有用缣帛写书的了。

缣帛要比竹简方便得多，《字诂》上说：“古之素帛，依书长短，随意裁绢。”缣帛的种类繁多，清汪士锦《释帛》中说：“凡以丝曰帛，帛之别曰素、曰文、三采、曰缯、曰锦、曰绣。古重素，后乃尚文。”其中，“素”的质朴无华，“绢”的丝薄如纱，“缯”的结实耐用，都是根据织物表面的材质、轻薄、粗细程度来区分的。在这些丝织品上写的书，分别叫做帛书、缣书、素书、缯书等，如图1-28 ~图1-30所示。

缣帛有很多简牍无法替代的优点。缣帛质地轻软，便于携带保存，书写面积大，字迹更清楚，但因其昂贵，通常仅适用于珍贵的经典、文书的书写与图画的绘制等。

缣帛书的形态，一般是一篇文章为一段，每段叠成一叠或卷成一束，称作“一卷”，如今的图书称“卷”就来源于此。据考证，汉朝时期便有人专门生产缣帛，在上面织进或画上黑色、红色的界行，称为乌丝栏或朱丝栏，用于书写缣帛书。书写完成后，从左向右用一根细木棒做轴卷起来，便形成了卷轴装的形式。缣帛书通常被认为是卷轴装的前身。1934

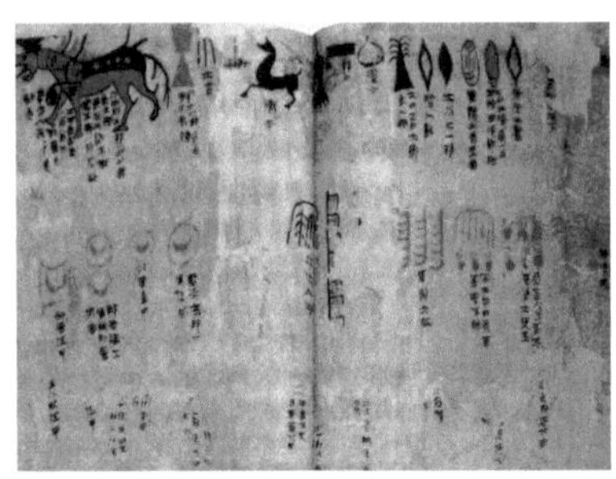

图 1-28 西汉马王堆出土的帛书

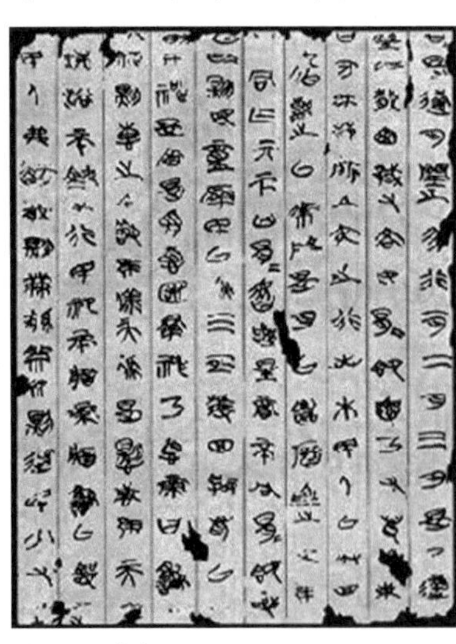

图 1-29 帛书

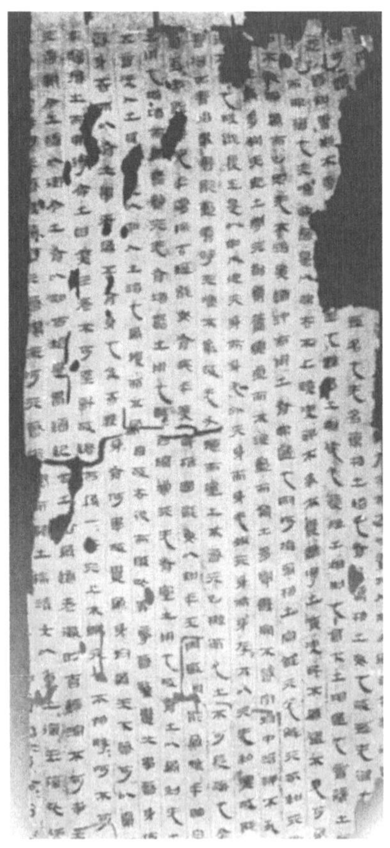

图 1-30 马王堆帛书《老子》甲本 西汉

年长沙楚墓出土的“楚缯书”，折为八叠存放在漆盒内，是缣帛的另一种折叠存放形式。

## 二、卷轴装——我国历史上应用最久的书籍形态

卷轴装是从缣帛书开始的，又叫卷子装，隋唐时期，纸书盛行的时候被广泛应用，后来历代一直沿用，今天的字画装裱仍采用卷轴装。

卷轴装由简策的形式演化而来，具体方法是在长卷文章的末端粘连一根木轴，将书卷卷在轴上（图1-31）。缣帛书文章直接写在缣帛之上；纸书就是把一张写满了字的纸张粘在长卷上。通常，卷轴装的卷首和卷尾一般都粘接一段质地坚韧的叫作“褾”的纸或者丝织品，不写字，起保护作用，褾头系上丝带，用以捆缚书卷，丝带末端穿上签，捆缚后固定丝带。阅读的时候将长卷打开，随着阅读进度慢慢舒展，阅读完毕随轴卷起，用卷首丝带捆缚，置于插架之上，如图1-32所示。

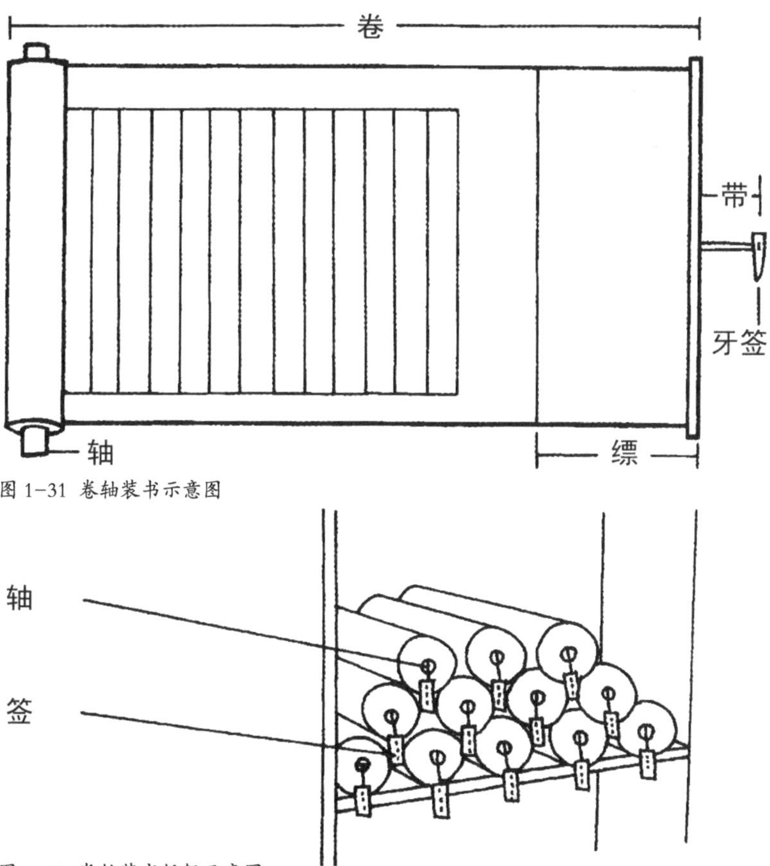


图1-31 卷轴装书示意图

图1-32 卷轴装书插架示意图

从装帧形式上看，卷轴装主要从卷、轴、缥、带四个部分进行装饰，“玉轴牙签，绢锦飘带”是对当时卷轴书籍的生动描绘。卷轴装的纸书从东汉一直沿用到宋初，今存大量唐与五代之前的敦煌文献，大多为简易的卷轴形式。卷轴装的精致典雅主要体现在轴、签、缥带上。陆士衡《要览》上说：“王羲之、王献之晚年书法胜于少年，其缣素以珊瑚为轴，纸书以金为轴，次玳瑁旃檀为轴。”《隋书·经籍志》说：“隋炀帝即位，秘阁之书，上品红琉璃轴，中品绀琉璃轴，下品漆轴。”《大唐六典》说：“唐代内府藏书，其经库书，钿白牙轴，黄带红牙签；史库书，钿青牙轴，缥带绿牙签；子库书，雕紫檀轴，紫带碧牙签；集库书，绿牙轴，朱带白牙签。”卷轴装盛行于隋、唐时期，此后画卷仍多采用这种卷轴装式，所不同的是卷轴装书籍封面书签在外面（图1-33 ~图1-36）。

图 1-33 卷轴装（一）

图 1-34 卷轴装（二）

图 1-35 卷轴装《钦定四库全书简明目录》

图 1-36 卷轴装（三）

## 三、梵夹装、经折装、旋风装——由卷轴向册页过渡的书籍形态

### （一）梵夹装（叶子）

使用的次数越多，人们越发现卷轴装使用起来不方便，特别是在查看某一段文字或者某一段记录时，需要把大部分甚至全部书卷舒展开来，这是一项耗时耗力的工作，因此人们一直在探索如何改进这种方式。

佛教在隋唐时蓬勃发展，从印度引进了一批又细又薄的梵文贝叶经书。贝叶经也称贝编，是一种条形书页，用印度的贝多树叶加工而成，书写方式是用一种针在叶面上刺划并涂以颜料，再用布擦去，颜料就渗入划痕中，成为经久不褪的文字。将若干树叶中间打孔穿绳，上下垫以板片穿扎，或不打孔而直接从外面捆起来，由于这一装帧方式的影响，我国先民们发展了“梵夹装”(图1-37～图1-39)。

“梵夹”即是佛经的意思。梵夹装主要流行于隋唐时期，材质为纸，将单页的纸累叠在一起，页和页之间并不粘连。看书时，看完一页再看另一页；看完后，将一张一张的纸按顺序排列累叠起来，上下用厚纸或木板夹住，然后从中间打孔处穿绳，或者用绳子或皮条捆扎。梵夹装起保护作用的夹片与内文相连便成了封面和封底，上面贴有写着佛经名称的签条，经过流传改进，形成了中国古籍的传统封面形式，对后世书籍的发展影响很大。

因为梵文从左到右，这样的横式书写方式并不符合当时我国从上到下的书写习惯，因此我们把它的格式改为了竖式。有人以为书籍的发展由卷轴装直接转变为经折形式，再演变成册页，事实上中间还经过了一片叶子的进化过程。

图1-40、图1-41为现代书籍设计梵夹装。

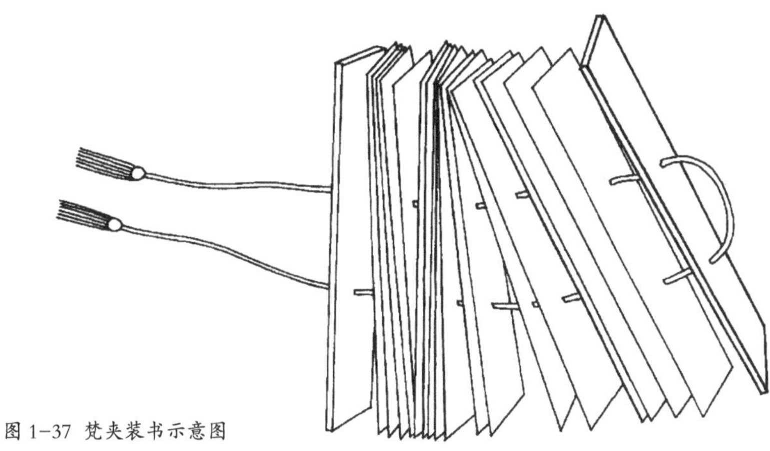

图 1-37 梵夹装书示意图

图 1-38 梵夹装贝叶经

图 1-39 梵夹装蒙文《甘露尔经》

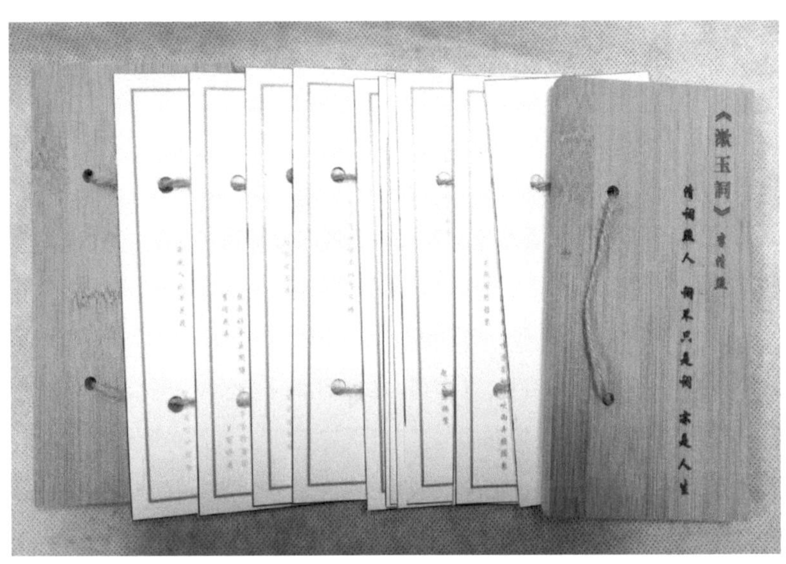


图 1-40 梵夹装《漱玉词》 韩艳设计

图 1-41 梵夹装《金刚经》（浙江古籍出版社）

（二）经折装

经折装源于佛教的经卷，又叫折子装。其装帧方式是将一幅长条状的书页，沿着书文版面间隙，按照一定的宽度，均匀而一正一反地折叠成整齐的长方形，然后再在前后加上两个硬纸板，裱上绢、布或色纸，粘贴首尾两页做书皮，如图1-42、图1-43所示。

经折装比卷轴装翻阅方便，想查哪一页，马上即可翻至，完全改变了卷轴装的阅读方式，更加有利于成册的存放和收藏。因此，在唐朝之后很长一段时间里，这种装订方式得到了广泛的运用。

看似简单的经折装，其实是书籍设计课程中手工装帧的基础。图1-44 ~图1-47为现代书籍设计经折装。

图 1-42 经折装书示意图

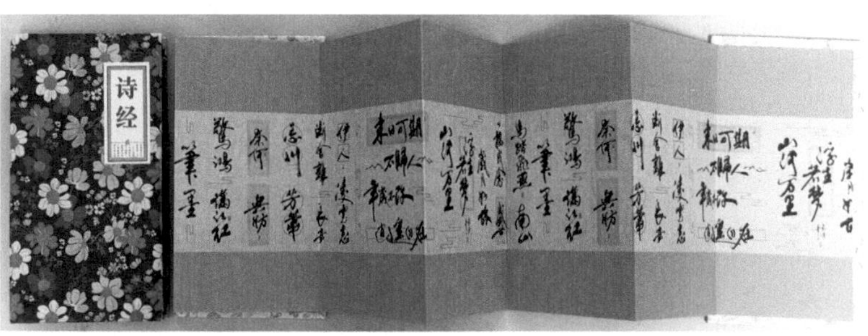


图 1-43 经折装

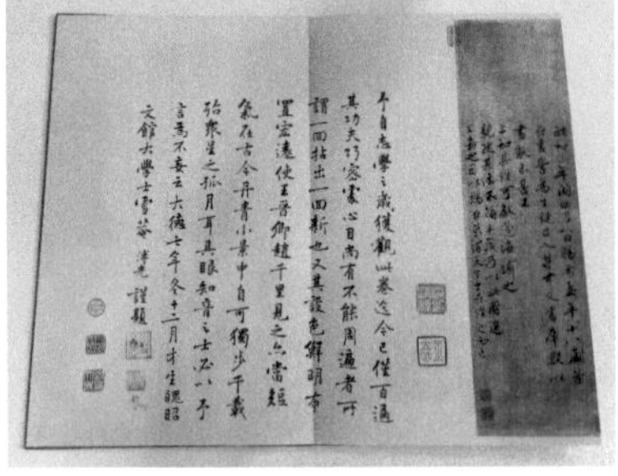

图 1-44 《千里江山图》 杭州知汇文化创意有限公司

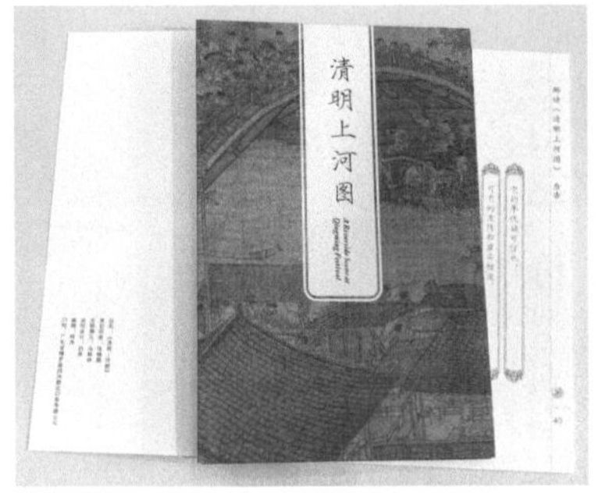

图 1-45 《清明上河图》 装帧设计：白草

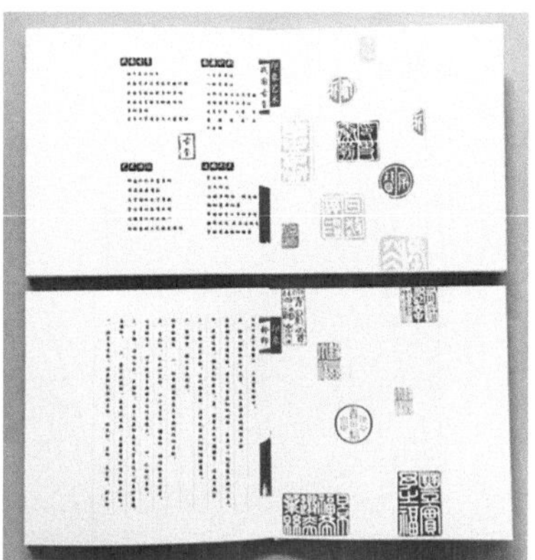

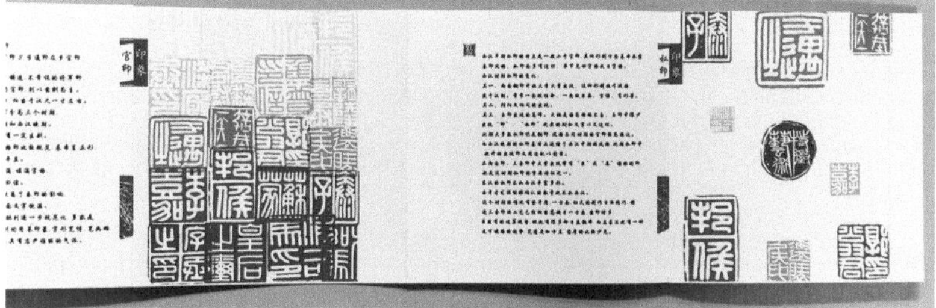

图 1-46 《秦汉清“印”象》 李博玉设计

图 1-47 《我的蝴蝶博物馆》 黄嘉橙设计

（三）旋风装

旋风装又称旋风叶、旋风叶卷子。

旋风装实际上是经折装的变形产物，也许是因为经折装容易散开，所以先同经折装一样将一幅长条书页均匀而一正一反地折叠成长方形，然后把第一页翻转，把最后一页绕到后面和首页相连，使之成为一个套筒；翻阅时从第一页到最后一页，再到第一页，循环往复，不致张开，故称“旋风装”（图1-48、图1-49）。

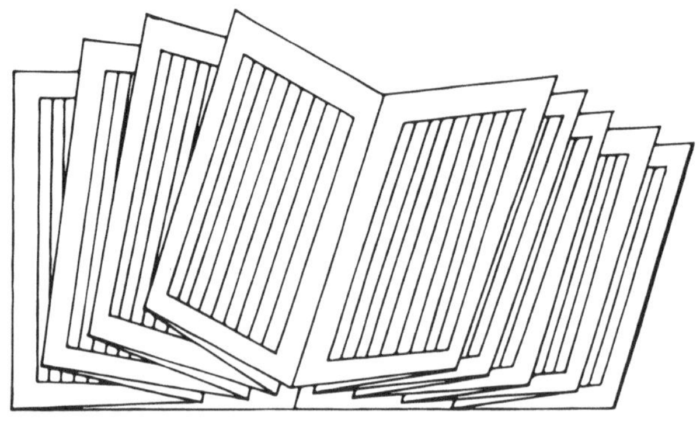

图 1-48 旋风装书示意图

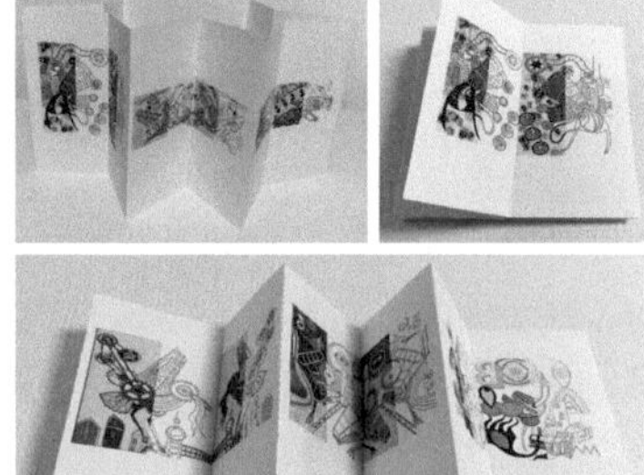

图 1-49 旋风装 张静涵设计

另外还有一种卷轴装的变形，用一张长条厚纸作底板，第一页单面书写，空白页面在下，其他书页均两面书写，然后把逐张写好的书页按照内容顺序，鳞次相错地粘裱在厚底板上，宛若旋风，故名“旋风装”，也叫“龙鳞装”，如图1-50所示。翻阅的时候，从右至左逐页阅读，收卷时从卷首卷向卷尾。从外观来看，它与卷轴装没有什么不同，但是展开之后，页面的翻转阅读是它们本质的不同。这种装帧方式曾一度在唐朝盛行（图1-51）。

图1-52～图1-54为现代书籍设计龙鳞装。

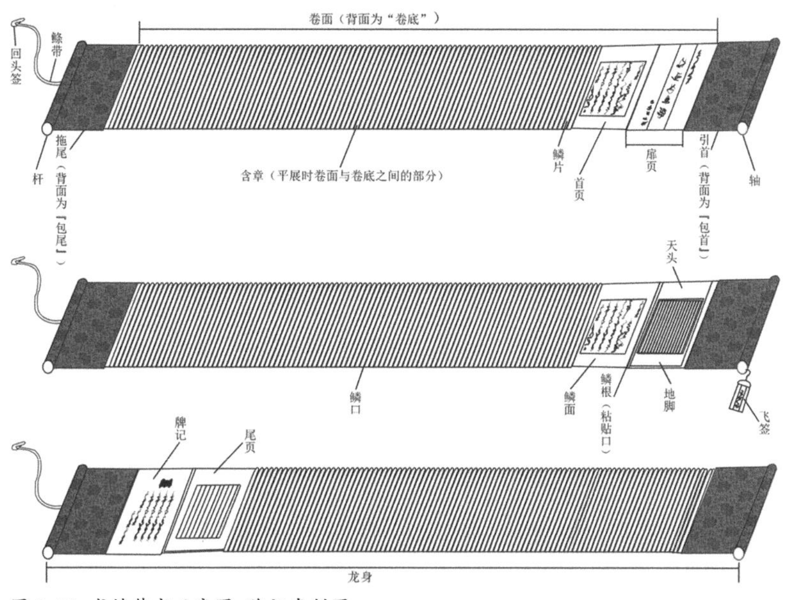


图 1-50 龙鳞装书示意图 陈祖焘制图

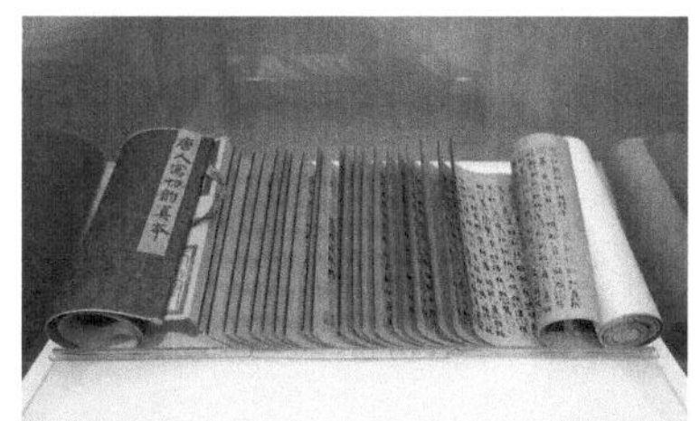

图 1-51 龙鳞装《唐人写切韵真本》

图 1-52 《金石录后续》 韩艳设计

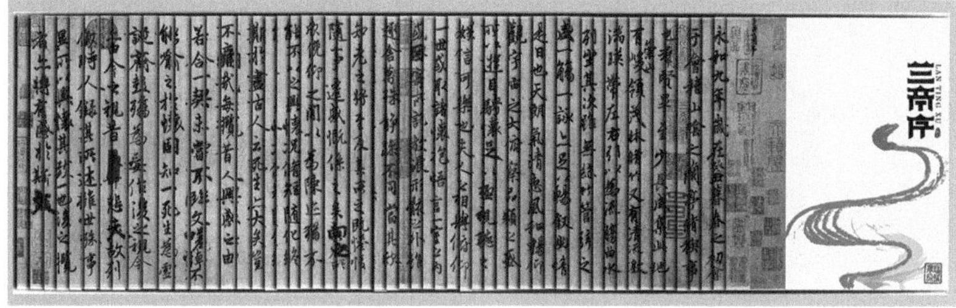


图 1-53 《兰亭序》 赵丽 张倩设计

图 1-54 《爱莲说》 石苗威设计

## 四、蝴蝶装、包背装、线装——册页书籍形态

（一）蝴蝶装

蝴蝶装是册页的最初形式，始于唐末五代，盛行于宋元。将长长的卷轴改为“册页”，把书页从中缝处字对字向内对折，以便折叠时找准中心，中缝处设有上下相对的鱼尾纹，如图1-55、图1-56所示。折叠好之后，将一摞长方形的纸张按次序排列，将折叠部分粘贴到包背的纸上，翻页时如蝴蝶般展开翅膀，故称“蝴蝶装”（图1-57、图1-58）。

叶德辉《书林清话》中说：“蝴蝶装者，不用线订，但以糊粘书背，以坚硬封面，以版心向内，单口向外，揭之若蝴蝶翼。”

大多数蝴蝶装的封面是用厚实的硬纸做的，也有用绫锦装饰的。摆放时书背向上、书口向下，按照次序排列，所以书口处容易磨破，因此版心周围的空间往往设计得比较宽大（图1-59）。蝴蝶装避免了经折装和旋风装书页折痕处容易断裂的缺点。

中国传统的书籍版式，也是在宋代蝴蝶装中形成的，并被延续下来。主要名称有版口、书脑、版框、界行、天头、地脚、边、眼、版心、鱼尾、象鼻、书耳、行款、角与根、目等。

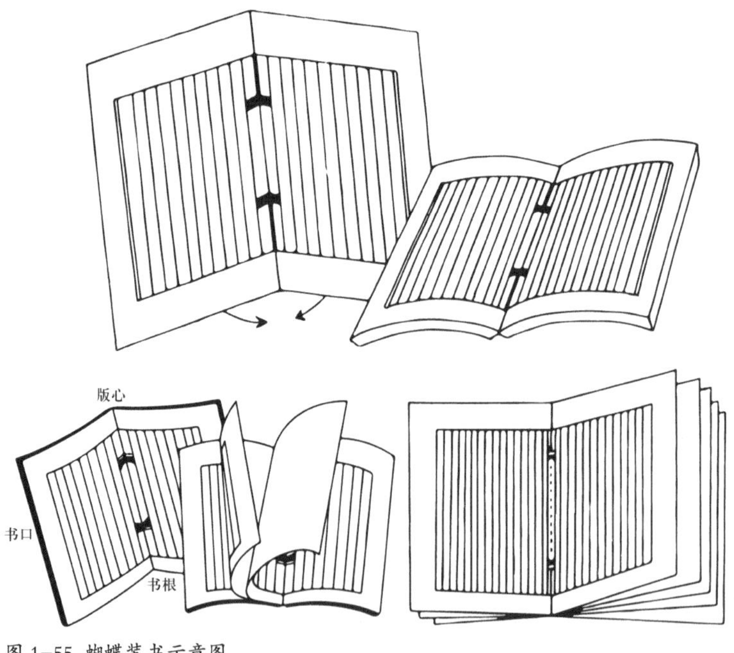


图1-55 蝴蝶装书示意图

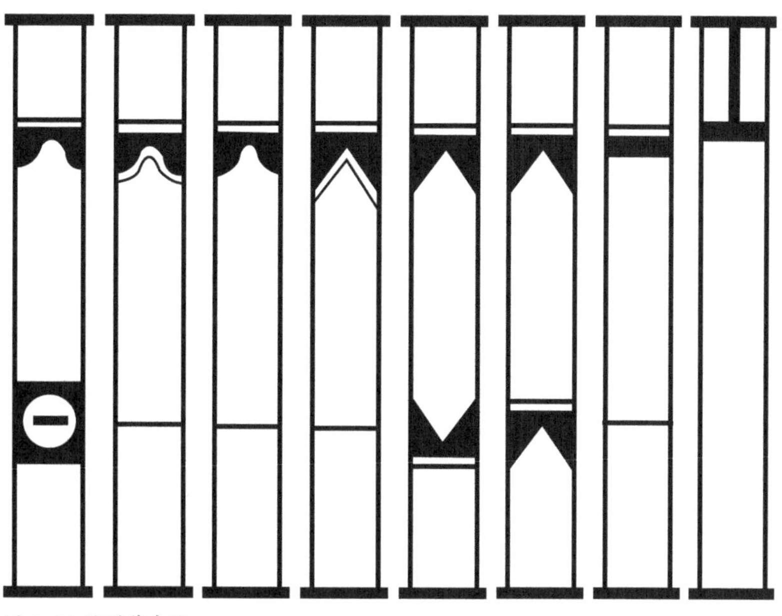

图 1-56 蝴蝶装中缝

图 1-57 蝴蝶装

图 1-58 现代蝴蝶装

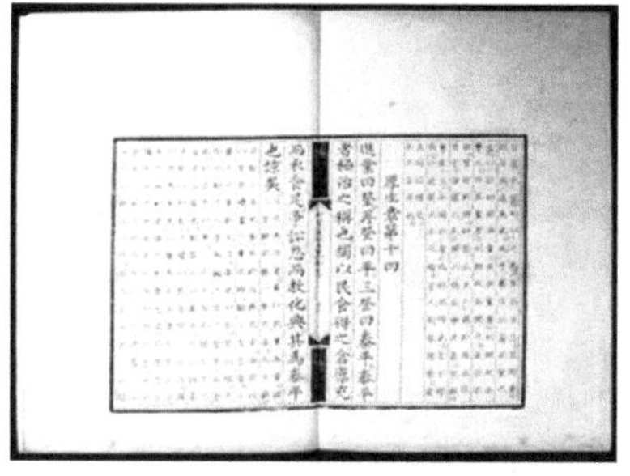

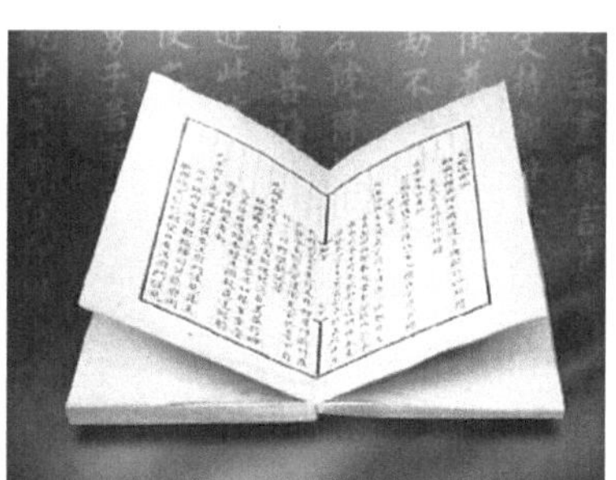

图 1-59 蝴蝶装版式

（二）包背装

到了元代，包背装取代了蝴蝶装。

张铿夫在《中国书装源流》中说："盖以蝴蝶装式虽美，而缀页如线，若翻动太多终有脱落之虞。包背装则贯穿成册，牢固多矣。"

与卷轴装相比，蝴蝶装确实取得了长足的进步，但仍有一些缺陷，首先必须连续翻动两页才可以看到文字；其次是胶粘的书背，若胶质不牢固，很容易造成书页脱落，这也是蝴蝶装需要不断改进的原因。

元朝的包背装，版面上有文字的页面朝外，空白的页面相对，以中线作为书口折叠。阅读时看到的都是有文字的页面，能够持续不间断地翻阅，增加了阅读的实用性。为避免书背用胶粘接不牢，利用纸捻装订的技术，将长而柔韧的纸捻成纸捻，在靠近书脊的订口处打孔，用纸捻穿订，因而省却了逐页粘胶的烦琐。最后，再利用一整张纸包裹住书背粘胶，作为封面和封底（图1-60）。

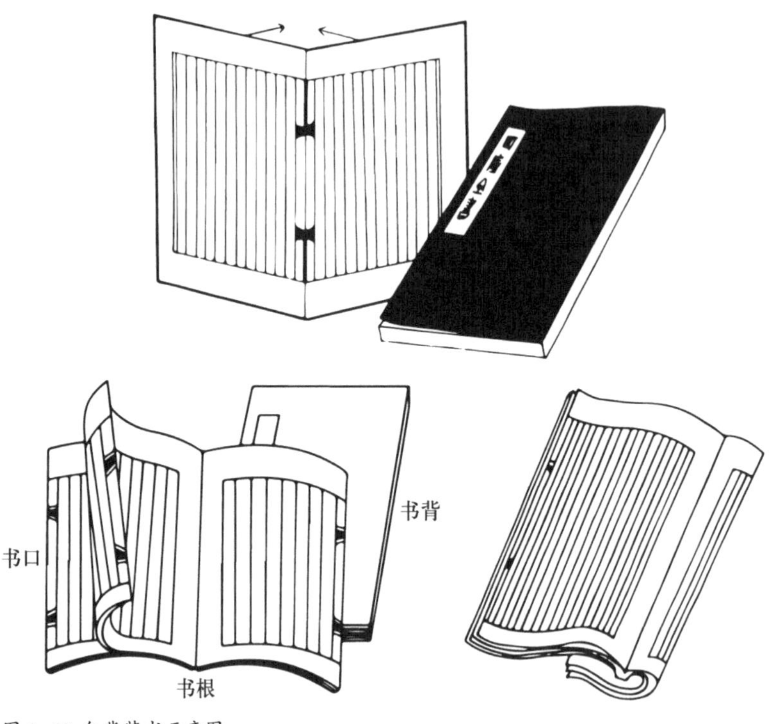


图 1-60 包背装书示意图

包背装书近似于现在的平装书，除了包背装书带文字的版面是单面印刷，每两页书口处折叠相连，订口处合页装订之外，其他特点都与今天的平装书相似（图1-61）。

蝴蝶装和包背装在版式设计上是一样的，同样是单面印刷，二者的差别只是装订方式的不同：蝴蝶装是利用版心装订，而包背装则是利用版边装订（图1-62）。

图 1-61 包背装

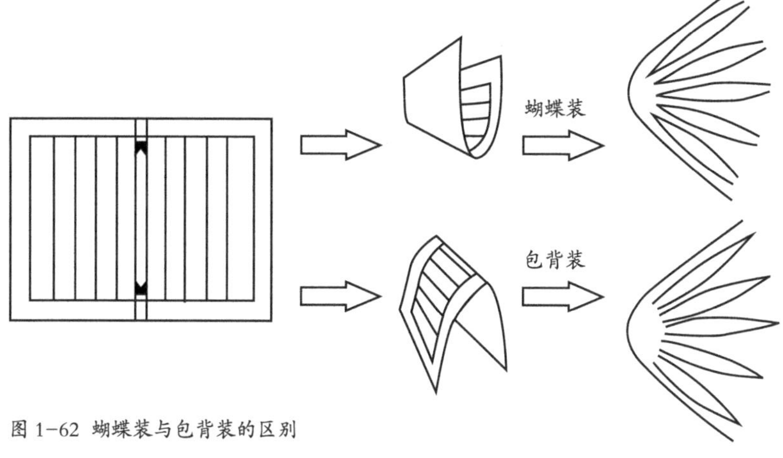

图 1-62 蝴蝶装与包背装的区别

（三）线装

线装始于明代初叶，盛于清代。由于在翻书时受到拉力的影响，包背装穿钉的纸捻很容易断开，造成书页散落的麻烦，所以在明朝中期，又被线装书所替代。

线装不再用整张纸把书芯包裹起来，把前后分为封面和封底，不包书脊，将上下切口及书脊切整齐，并用浮石打磨，然后在书脊处打孔用纸捻串牢。继而用锥子穿小孔，利用棉线或丝线将书装订成册（图1-63）。

1.线装书的订联形式

线装书的订联形式有四目缀订法、坚角四目式、麻叶式、龟甲式等。

(1)四目缀订法

又称四针眼订法，分为宋本式缀订法与唐本式缀订法。宋本式缀订法确定四针眼的位置，先以书本尺寸的大小来考虑天地角的距离，确定天地两角针眼的位置，再以两个针眼将中间部分分成三等份。一般天地角的长宽比为2：1，有时需要根据书的幅面大小稍微加以调整。唐本式缀订法多用于狭长的书籍，其缀订方法与“宋本式”基本相同，区别仅在于第二、三眼的距离较为接近，为了配合其狭长形的幅面，封面题签也相应为细长形（图1-64、图1-65）。

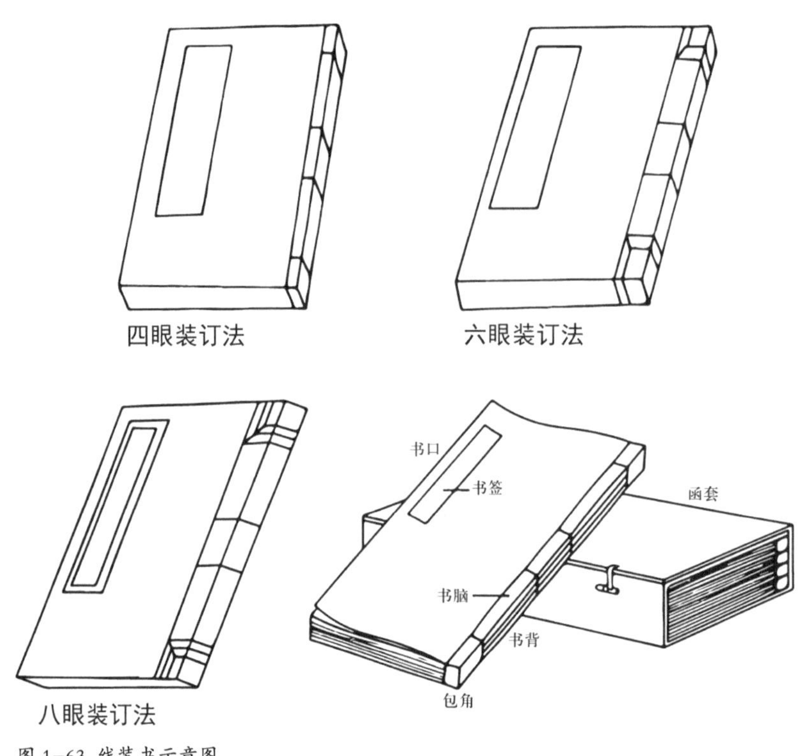

图 1-63 线装书示意图

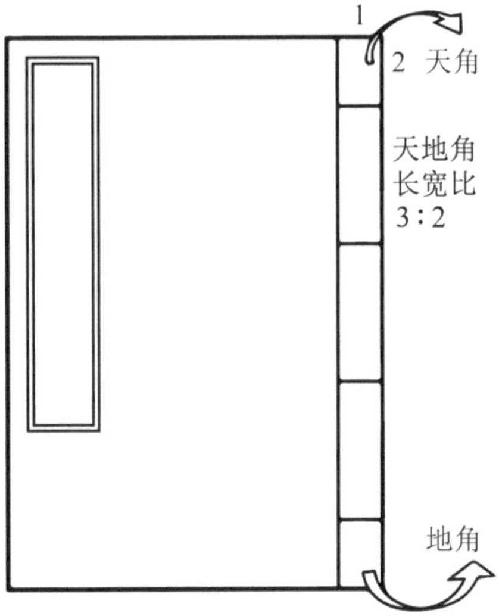

1
2 天角
天地角
长宽比
3 : 2
地角

图 1-64 宋本式缀订法

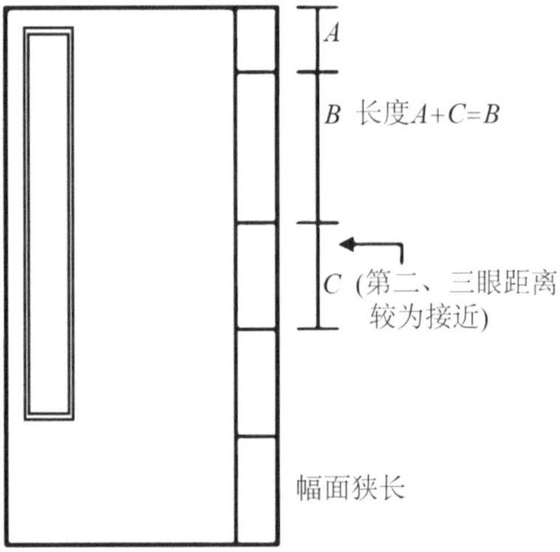

$A$
$B$ 长度$A+C=B$
$C$（第二、三眼距离较为接近）
幅面狭长

图 1-65 唐本式缀订法

(2)坚角四目式

又称六针眼、八针眼法，如图1-66、图1-67所示。在天、地角内，各多打一眼或两眼加强缀订。这种装订方法多用于康熙时期珍贵图书文献的装帧，因此也称“康熙式”。此种装订方法多用于幅面宽广的图书，既能强化坚固书角，又有美化装饰作用。有些珍本书籍需要特别保护，书脊的两角处就包上绫锦，称为“包角”。

图1-66 六针眼法

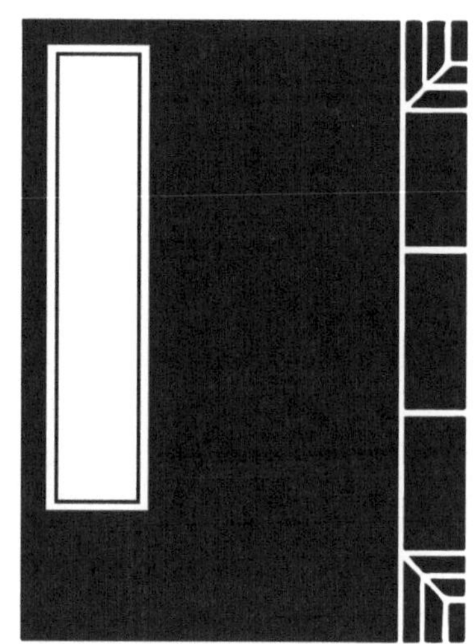
图1-67 八针眼法

(3)麻叶式

又称九针眼法、十一针眼法，如图1-68、图1-69所示。因缀订完成的图书其缀线分布形状如叶脉状而得名，每个麻叶由三个针眼组成。

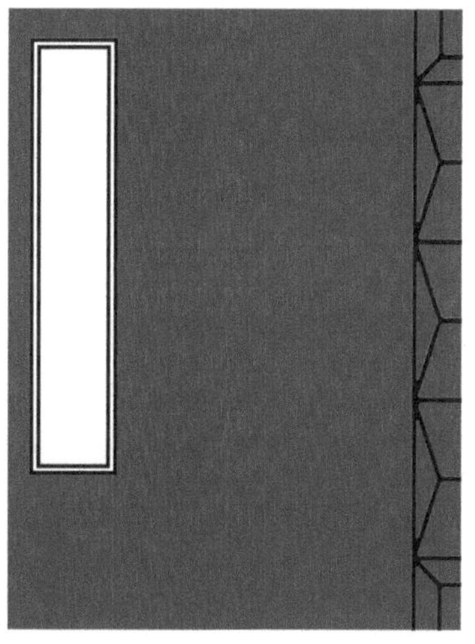
图1-68 九针眼法

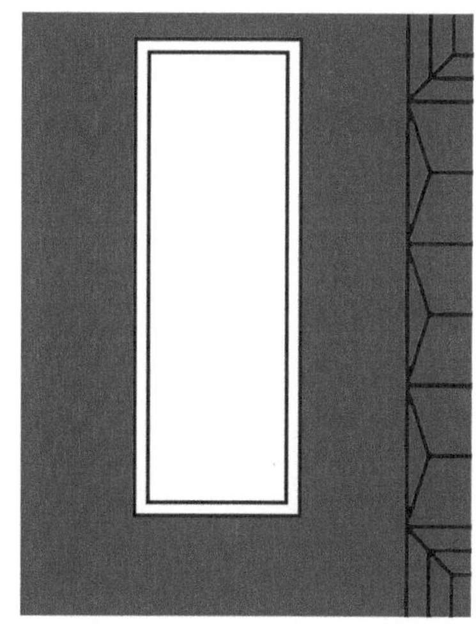
图1-69 十一针眼法

这种缀订方法是建立在“康熙式”缀订基础上的，同时题签也可以靠近封面中央的位置，以增强装帧的美观性，这种方法适合幅面宽广的图书。

(4)龟甲式

又称十二针眼法，如图1-70、图1-71所示。这种方法是从“宋本式”演变而来，因缀订完成的走线形似龟甲纹样而得名。

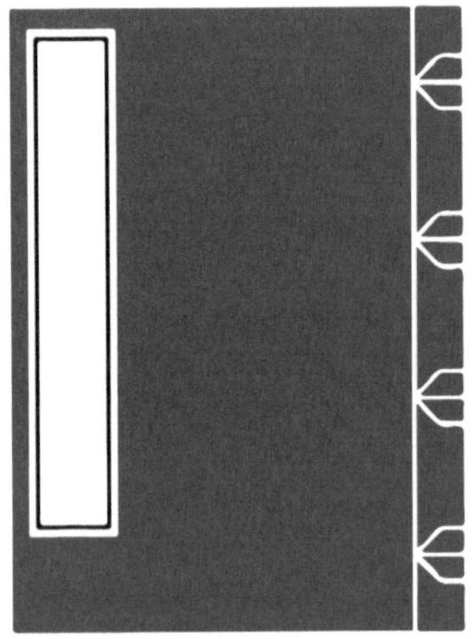

图1-70 十二针眼法（一）

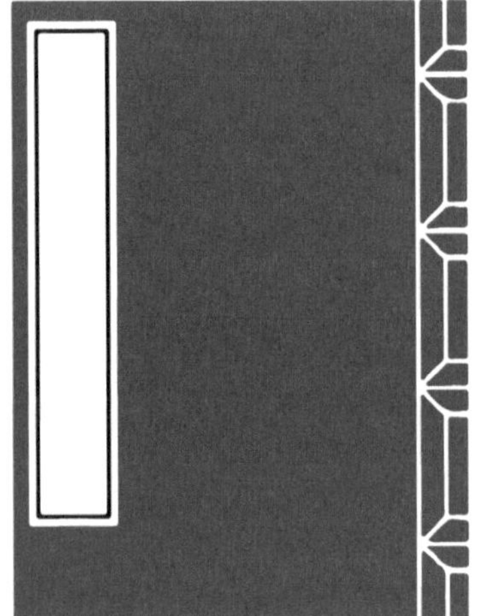

图1-71 十二针眼法（二）

2.线装书的结构

线装书从封面到正文、行、界以及插图等，都是一个整体的设计，其结构分为书签、书衣、书名页、封里、护页、书页、衬叶、书脑、书背、书根、书角、书函等。

(1)书签

也称浮签，或称封面题签，即贴在书皮上的纸签，也有用丝织品做的，用于题写书名、卷数或册数。

(2)书衣

也就是书皮，即书的封面用纸，通常由厚实硬挺的彩色纸张或彩色绫绢做成，用来保护和装饰书籍，有单、双页之分，单页称为扣皮，双页称为筒子皮。

(3)书名页

书衣之后的第一页，相当于现在的扉页，通常印有书名、作者名、出版者名、刊版时间等。特别注重书名的书法及题写人的署名，往往再用薄纸覆盖其上。

(4)封里

俗称封二，即书名页的背面，大多为空白页，偶尔也有印文字的。

(5)护页

即书皮与书名页之间的空白页，又称扉页，在上面可以题跋识语。加在前面的称前扉，加在后面的称后扉，也叫副页。它的功能是可以保护正文书页，还可以防潮防虫。

(6)书页与衬页

书页指书籍的页张；衬页指衬在书前书后的空白页。

(7)书脑

指线装书书页右边书脊附近以供钻孔订线的空白处。因为它是装订时的关键位置、书册形式固定的枢纽，所以称书脑。

(8)书背

也称书脊，指书页装订缝合之处的侧面，犹如一本书的脊背。

(9)书根

指一本书底部的侧切口。因为线装书只能水平摆放在书架上，收藏者喜欢在书根部注明书名、卷数或册数，方便检阅和整理。

(10)书首

又称书头，指一本书最上端的侧切口部分。

(11)书角

指线装书右侧的上下两角。比较珍贵的线装书，在装订时，经常使用湖色或蓝色的绫子将书角包起，称为包角。

(12)书函

又称函套，用来装书。为了防止线装书破损，通常使用木板或纸板加工成书函来保护书籍。

通常能够包裹住书的封面、封底、书口和书脊，两端露出书的上下两边的叫“四合套”（图1-72）；六面全包严的叫“六合套”。六合套多用于比较考究的书籍，便于久藏。有时在开函处挖作月牙形或云头形，称作“月牙套”或“云头套”，挖作如意式的叫“如意套”（图1-73）；另外还有“卍”字套，如图1-74、图1-75所示。现代出版的珍贵画册和特装本常常采用六合套的形式，还有些用木匣（图1-76）或夹板

图 1-72 四合套

图 1-73 六合如意云头套 吕敬人设计

图 1-74 《佛说十吉祥经》

图 1-75 《佛说十吉祥经》六合卍字锦套

图 1-76 书匣

图 1-77 夹板

图 1-78 书函

（图1-77）做成精致的书函，不仅保护书籍还平添书籍的典雅之美。

书函的形式多种多样，大小和尺寸可依据实际需求而定。通常采用硬纸板做衬，白纸为里，用蓝布或云锦做表面，如图1-78所示。

3.线装书的版式

线装书的排版是比较讲究的，版式设计端庄严整，装饰性强，继承性地应用了单栏、双栏、界行、书耳、鱼尾等传统形式，还有版心朝外、版口朝左、订口朝右，所有这些构成了我国线装书籍版式设计的基本形式，如图1-79所示。

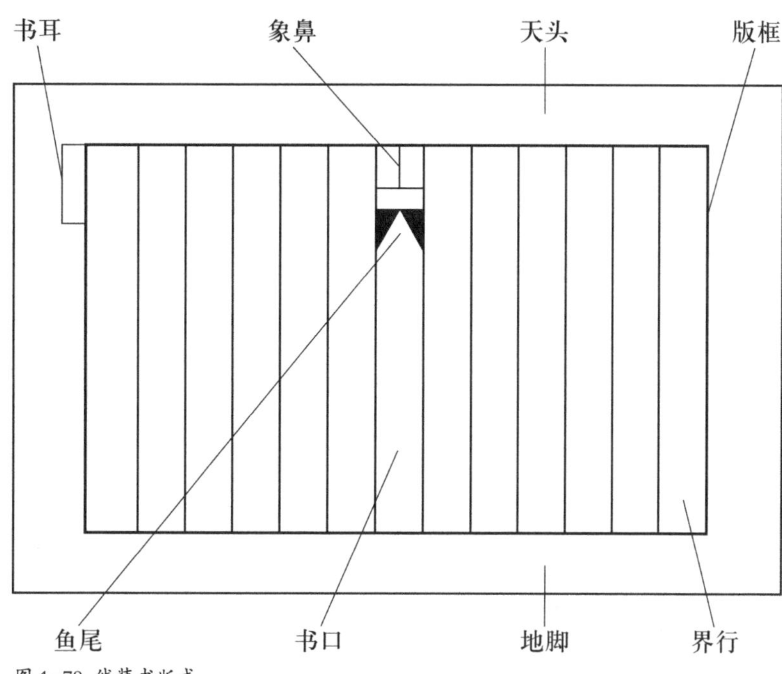

图1-79 线装书版式

(1)书页

书籍的页张，古书页分上页、下页两部分。右半是上页，左半是下页。

(2)书口

亦称版心、版口，即上、下书页中间折叠的直缝处。书口有黑口、白口、花口之分，折缝上有黑线的称黑口，粗黑线叫大黑口，细黑线叫小黑口，折缝上没有黑线的叫白口，折缝上印有文字的叫花口，如图1-80所示。书口是折叠的准线，按照这条线折页，书页才能整齐。

(3)鱼尾

书口中缝处印有鱼尾形的标记，多在书口中部的上、下方各印一

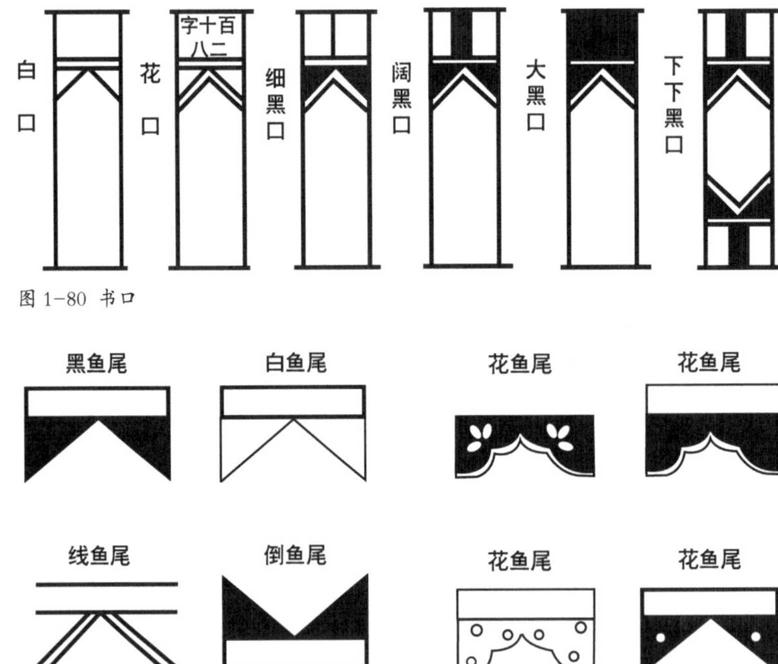


图 1-80 书口



图 1-81 鱼尾

个，以便于折缝，叫双鱼尾；也有只印一个，叫单鱼尾；有的书如明刻《春秋书法钩玄》印了三个鱼尾。鱼尾的式样有黑鱼尾、白鱼尾、线鱼尾、花鱼尾等多种，如图 1-81 所示。

(4) 象鼻

即书口上下两端的界格。

(5) 书耳

即边栏左上方（或右上方），印有记载治书篇目的小长方形栏格。

(6) 天头

即书页上栏以上的空白处。

(7) 地脚

即书页下栏以下的空白处。

(8) 版框

即书页版面的四周。

(9) 界行

书页上的直线叫“行”或“界”，古人也叫“边准”或“解行”。

(10) 格行

书页上的横线叫“格”。界、格合称“界格”或“行格”。

(11)栏线

又叫“边栏”，即版框四周的界格线，古人也叫“匡郭”。线又分为单栏和双栏。单栏为一条粗线；双栏为内粗外细的两条线，也叫文武线。双栏又分左右双栏和四周双栏等名目。栏线除直线外，还有用卍字形图案组成的栏叫“卍”字栏，用竹节形图案组成的栏叫“竹节栏”，用花纹图案组成的栏叫“花栏”，用古乐器图案组成的栏叫“博古栏”，另外还有仿效帛书的朱丝栏和乌丝栏等。朱丝栏也叫“红格”，即用红色印制的界格；乌丝栏也叫“蓝格”，即用蓝色或黑色印制的界格。

(12)行款

即书页正文的行数和字数。不同时期、不同地区、不同刻家所刻的书，行款往往不同，这也是考证版本的一条依据。

4.其他形式的线装书

历史上还曾出现过毛装线装书、夹页线装书、金镶玉。

(1)毛装线装书

其特点是在折页、打眼、下捻、加书皮后，不裁切上下右三边，保持装订后的原始状态，这种书叫毛装书、毛边装书或毛边本。毛边本的优点是书的三面受损或放的时间长了，可以裁齐三边，并打眼穿线装订，和新书差不多。

(2)夹页线装书

有一些用纸较薄的线装书，页子印好后，在折页时加进一张稍厚一点的白纸或其他颜色的纸，这页纸是空白的，目的是使书页更硬挺一些，也是为了避免因纸薄透印影响阅读效果，清代后期应用较多。

(3)金镶玉

严格地讲，金镶玉不能算是一种古书装帧方式，它是一种修书方式。以白色衬纸衬入对折后的书页中间，超出书页天头、地脚及书背部分折回与书页平，以使厚薄均匀，再用纸捻将衬纸与书页订在一起。古书流传越久就越容易受损，修书时为了不再磨损书页纸边，而将新纸长出原书，因为旧书纸页多为黄色，似金，而衬纸为白色的新纸，洁白柔软如玉，故名“金镶玉”，如图1-82、图1-83所示。金镶玉又名“惜古衬”“穿袍套”“雪裤装”，据说始于明代。

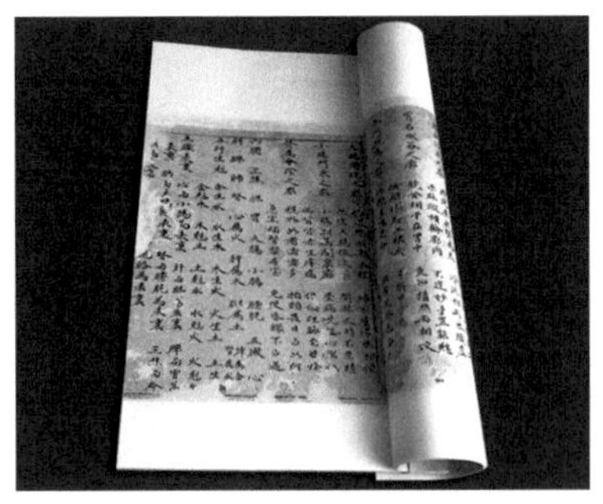

图 1-82 金镶玉（一）

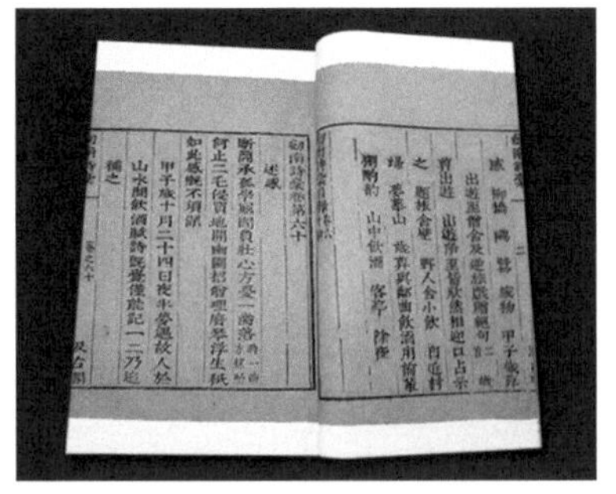

图 1-83 金镶玉（二）

线装是我国古代书籍装帧技术发展最富代表性的阶段，也是最接近现代意义上的平装书的装订形式。线装书不易散落，加工精致，造型美观，具有我国独特的民族风格，至清代被奉为“国装”，是古代书籍装帧发展成熟的标志。现在我国一部分历史资料和古籍书刊仍采用线装书的形式装订（图1-84 ~图1-87）。

图 1-84 线装《皇清开国方略》

图 1-85 线装《孙子兵法》

图 1-86 线装《茅庐诗文选》

图 1-87 线装《三国演义》

# 第三节　现代书籍形态

## 一、平装

平装是综合了包背装和线装的优势，经过对传统装订方式进行改革而形成的一种新的装订方式，又称“简装”。工艺流程包括折页、配页、订本、包封面和切书边，制作简单，成本低廉，便于机械化生产。一般采用纸质封面，有的带勒口、有的不带勒口（图1-88、图1-89）。

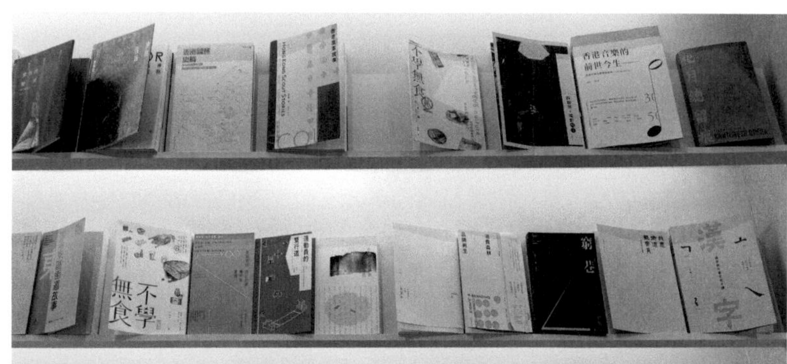


图 1-88　平装书（一）

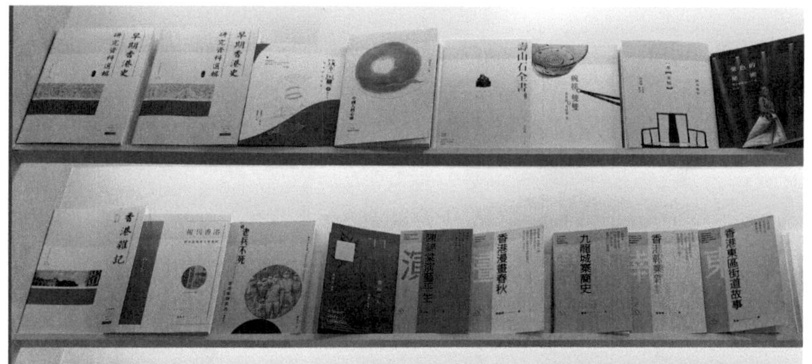


图 1-89　平装书（二）

## 二、精装

精装与平装相比较而言，通常使用较厚的纸张、织物、皮革等做封面，有些书脊包布，制作工艺要求很高。精装分为全纸面精装、纸面布脊精装、全面料精装，三种精装样式都有圆脊和平脊两种形态，封面烫金字，非

图 1-90 精装书

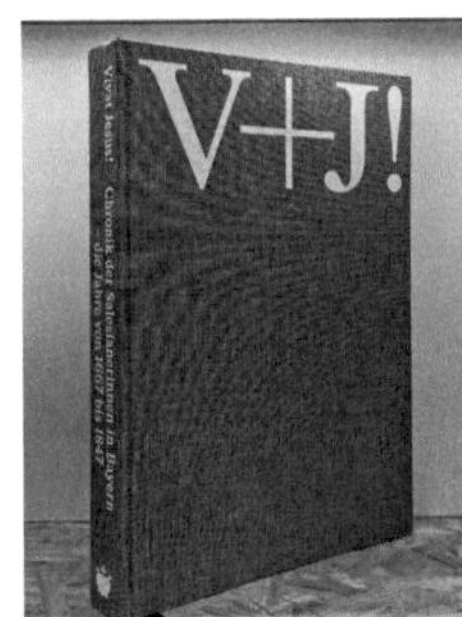


图 1-91 亚麻布平脊

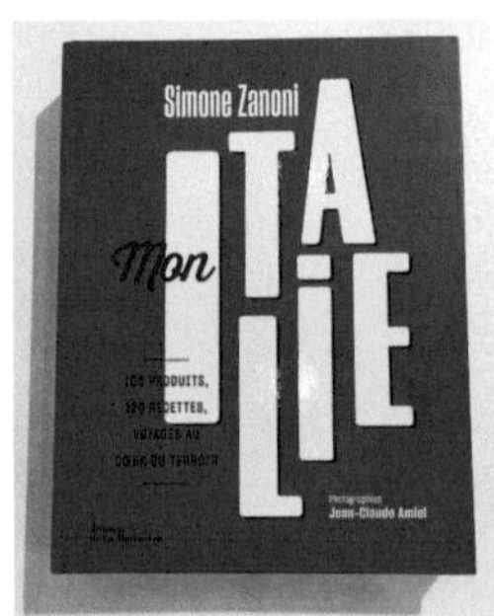


图 1-92 纸面精装

图 1-93 布艺精装

图 1-94 圆脊

图 1-95 平脊烫金

常华丽。对于一些重要的和广泛传播的、有较大使用价值的经典学术著作、工具书和画册等，往往采用精装的形式（图1-90 ~图1-95）。

我国书籍的精装方式是从西方传入的，精装书早在清代就已出现，美华书局在清光绪二十年就出版了精装《新约全书》。精装书最大的优点是护封坚固，经久耐用，起到保护内页的作用，多为锁线装订。

## 三、假精装

假精装也叫软精装，是介于精装与平装之间的一种装订形式。软精装是由精装派生而来，既继承了精装书的装帧风格，又大大降低了书籍的装帧成本，是一种方便、快捷的简约精装方式（图1-96 ~图1-100）。

软精装的封面介质一般是200g以上的铜版纸、卡纸、特种纸等，有一定的厚度，辅以烫金烫银、局部UV、压凹凸等工艺，有些需要覆膜，大多锁线胶装而成，有些在锁线或胶装的基础上裱糊纸板封面。

图 1-96 《包装设计》侯铮设计

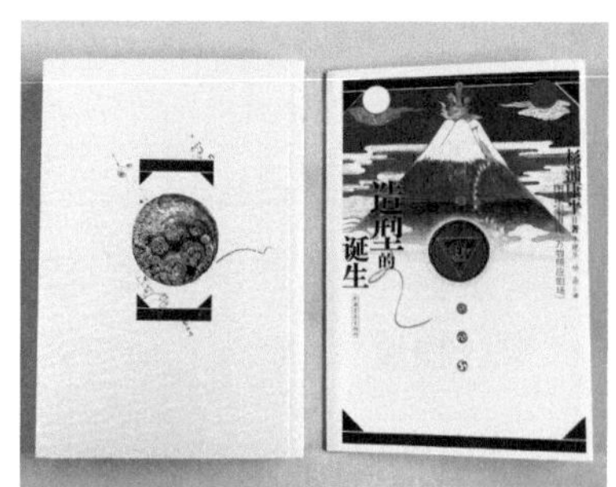

图 1-97 《造型的诞生》佐藤笃司设计

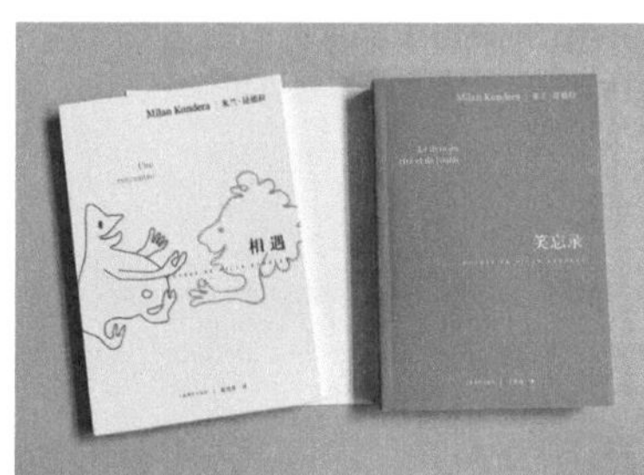

图 1-98 假精装（一）陆智昌 杨林青设计

图 1-99 假精装（二）

图 1-100 假精装（三）

## 四、蝴蝶装

现代蝴蝶装也分为简装和精装。蝴蝶装简装通常简称蝴蝶装，蝴蝶装精装通常简称蝴蝶精装。蝴蝶装的装订方法一般是将印有文字的纸面朝里对折，再以中缝为准，把所有页码对裱，用糨糊粘贴在另一包背纸上，然后裁齐成书。

蝴蝶装采用超厚、坚固的硬壳做封面封底，能有效保护内页，精致厚实，大气豪华；封面、封底用包角精心处理，更耐磨耐用，服帖平整。蝴蝶装可180°平铺翻阅，使内页完全翻平，几乎不受中缝的影响。蝴蝶装只用糨糊粘贴，不用线，却很牢固；不会有线段、针眼、打不开、拼接错位、胶黏内容丢失等现象。该装订方式完美无接缝，牢固耐用，不易变形，非常有利于长时间保护书籍的内容。

现代蝴蝶装是印刷品装订领域颇显装订档次的一种装订方式，美观、精致、大气，图文幅面完整，比较适合对装订有一定要求的客户，主要用于极具保存价值的高档图集、画册的装订，适合尺寸较大的纪念册，如图1-101所示。现代许多儿童卡书也常采用蝴蝶装的形式（图1-102～图1-105），以及常见的影楼相册、菜谱等。

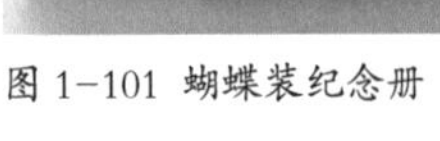

图1-101 蝴蝶装纪念册

图 1-102 蝴蝶装儿童书（一）

图 1-103 蝴蝶装儿童书（二）

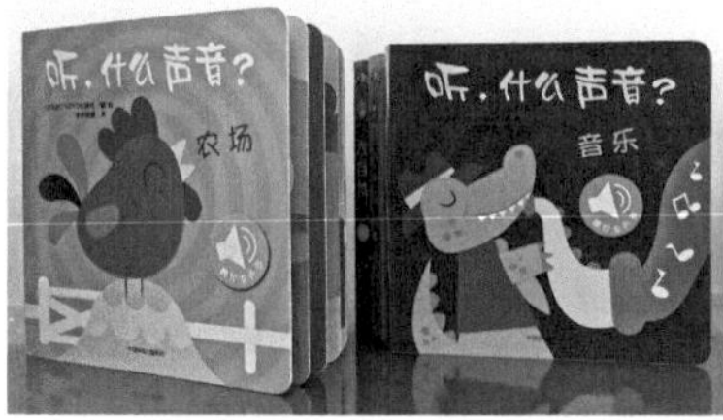


图 1-104 蝴蝶装儿童书（三）

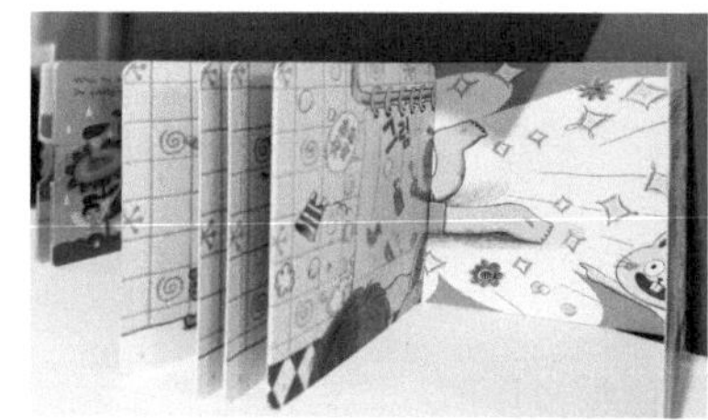

图 1-105 蝴蝶装儿童书（四）

## 五、线装

线装是我国书籍装帧史上最完美也最具代表性的一种形式，如图1-106～图1-109所示，世界各地也有各种不同的线装形式。随着时间的演变，现代还发展出了千变万化的风格与各种各样的设计创新形式。

图 1-106 线装（一） 李新华设计

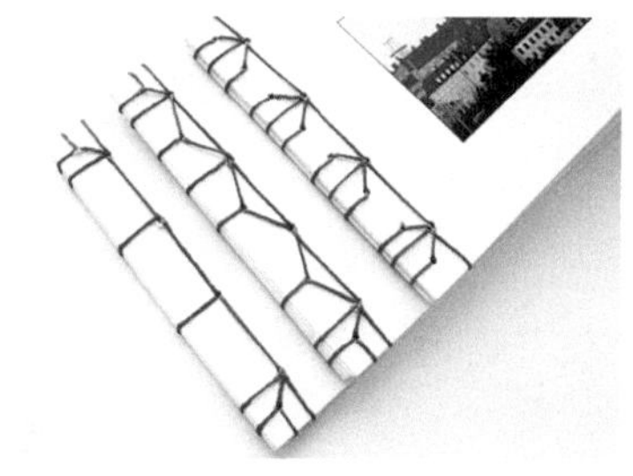

图 1-107 线装（二） 美国 Ali Manning

图 1-108 麻叶式

图 1-109 龟甲式

科普特式线装（Coptic Binding）是在公元2~4世纪由埃及地区的基督徒利用编织地毯的技术及缝针所创造出的一种缀订技术。科普特式线装是西式线装中著名且常见的作法，属于无缀绳。此类线装书籍可以平躺展开，技术上至今还无法完全靠机器完成，在书籍风貌上能够彻底展现出手工书的温度（图1-110、图1-111）。

图 1-110 科普特式线装（一）
芬兰 Kaija Rantakari 设计

图 1-111 科普特式线装（二）

唐代缝缋装（图1-112）尽管仅在唐朝短暂地流行了一段时间，然而中国书籍的缝制方法很可能会随着中外文化的相互交流，借由此传到日本、中亚和欧洲，并彼此影响书籍的装订方式。例如，日本的和式缀及近年来比较流行的裸背装，都还能找到科普特式装订和中国唐代缝缋装的影子。

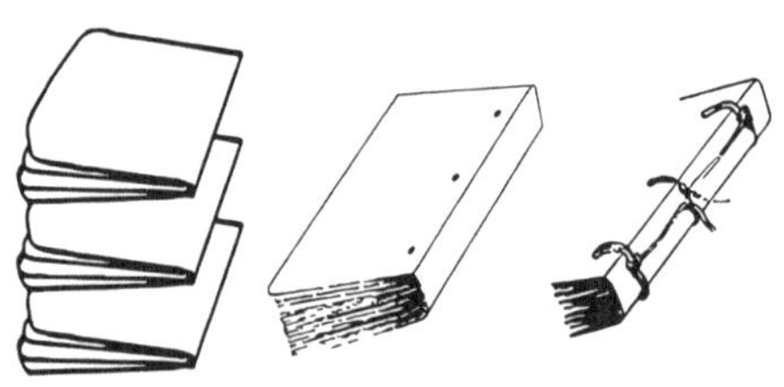

图 1-112 唐代缝缋装

日式线装：线装于明朝中叶流传至日本，在日本又称为袋缀，基本上分为大和缀与和式缀两大类。

大和缀也称大和式，又分为普通大和式和四目大和式，如图

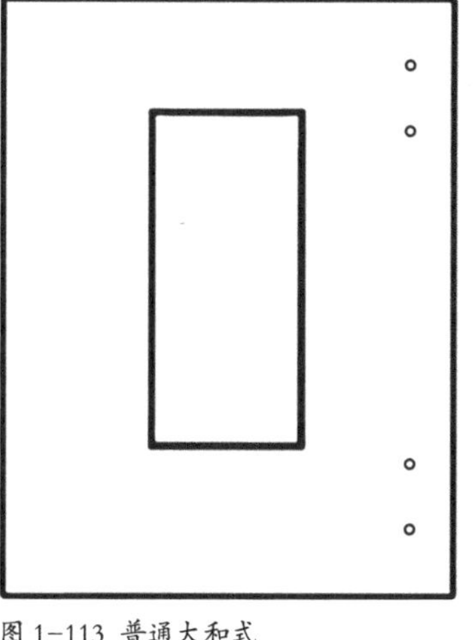
图 1-113 普通大和式

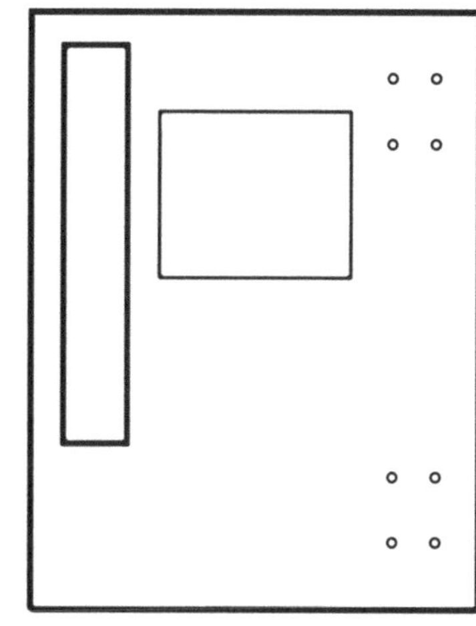
图 1-114 四目大和式

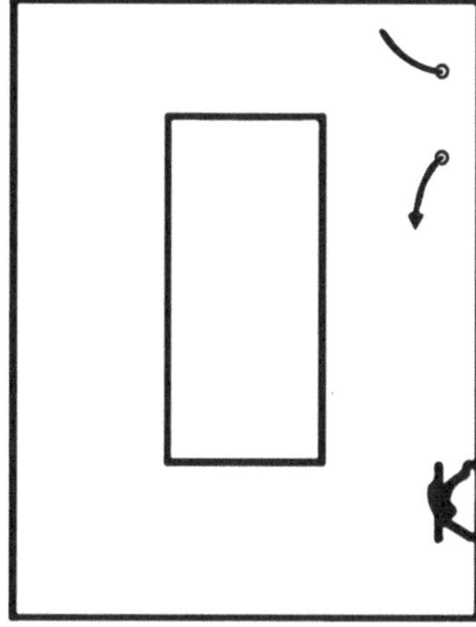
图 1-115 圆锥钉打眼穿线打平结

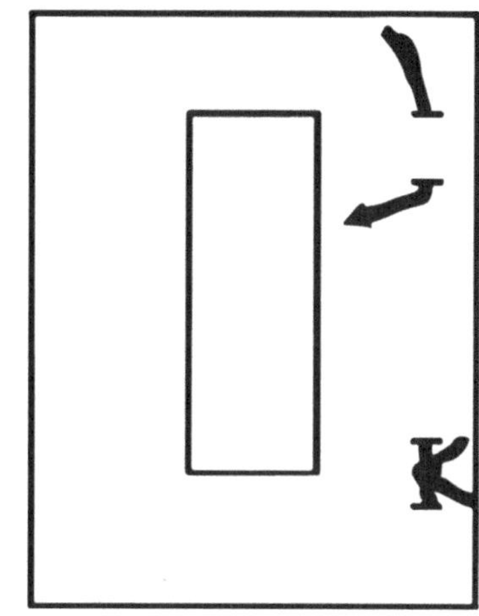
图 1-116 平目钉打眼缀带打平结

1-113、图1-114所示。四目大和式是由普通大和式美化而来，又称四目骑线订，共有八眼，每四眼为一组，共计上下两组，每组穿线或缀带后打平结。普通大和式系在书脑缀订处打四眼，两眼一组，分两组，每组以圆锥钉打眼穿线或以平目钉打眼缀带后打平结（图1-115、图1-116），题名签可贴封面中央；图1-117为平目钉打眼缀带打平结。

和式缀也称缀叶装，其缀订方式有中国唐代缝缋装的影子，在每帖书叶折缝处打四眼，每两眼为一组，以一条缀线两头各穿一根缝针缀订，一折帖有四眼，总计有两条缀线四根缝针同时进行缀订的一种缝法，并内敛地将孔洞处隐藏起来，如图1-118所示。四根针带线首先由第一帖折缝内部四个眼同时穿出，再各自穿入第二帖各眼中，各组针线

图 1-117 平目钉普通大和式

图 1-118 收藏孔洞的和式缀 赵津研设计

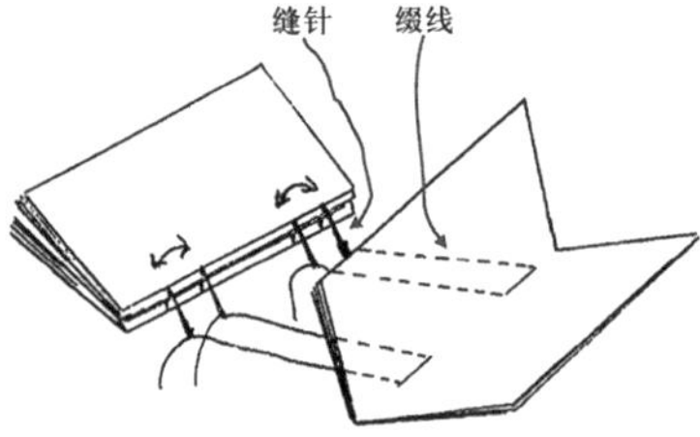


图 1-119 和式缀折帖的缝法

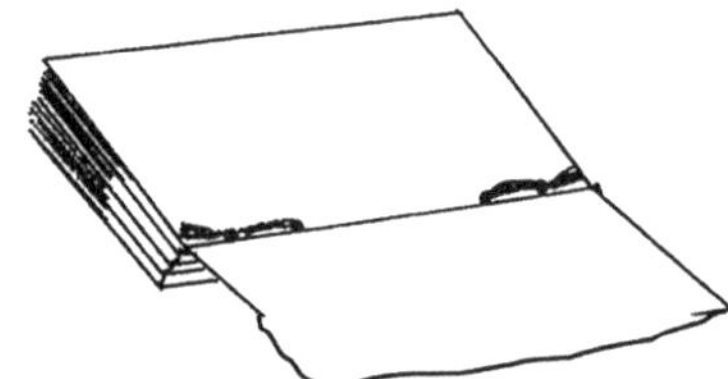

图 1-120 和式缀的结线方法

交叉再由第二帖穿出，再穿入第三帖各眼中，各组针线再交叉由第三帖眼中穿出，再穿入第四帖眼中，如此循环至最后一帖，然后再将两条缀线结于最后帖之折缝处，如图1-119、图1-120所示。

法式线装：繁复显眼的线的交织成为法式线装的特色，让人明显感受到缝线的魅力，加上裱褙布面重叠交错，让线与书之间的关系变得更为华丽（图1-121、图1-122）。

随着科学技术的不断进步，某部分线装书的制作早已可用机器取代，甚至比手工更精细美观。也有些设计师千方百计创新求变，使得线装书除了实用的考量，也渐渐转移到精神层面，提炼出许多现代语汇。

图 1-121 法式线装（一）

图 1-122 法式线装（二）

在许多偏重艺术价值的实体书创作上，作者不须受到太大的成本或功能性限制，可以更专注于作品所表达的意境与带给读者的想象空间，让利用线装表现的书籍成为一件件艺术品。这里不得不提到擅长使用手缝创作的生活在伦敦的爱沙尼亚设计师伊芙琳·卡斯考夫（Evelin Kasikov），其设计作品手法精致多变，令人惊艳，极大丰富了线装书的新语汇，非常值得我们学习与借鉴，如图1-123～图1-125所示。

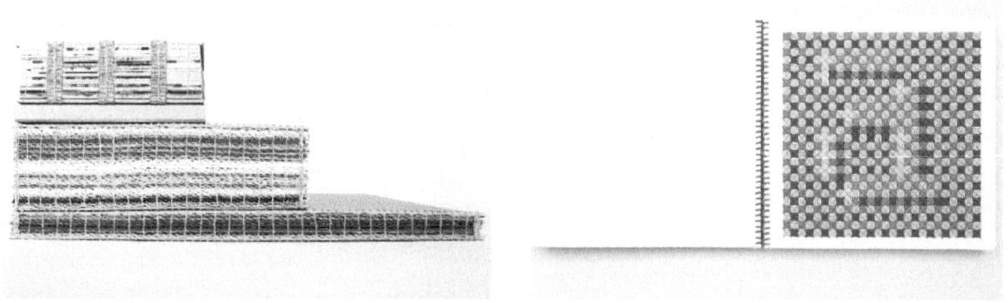

图 1-123 《Printed Matter》 伊芙琳·卡斯考夫设计

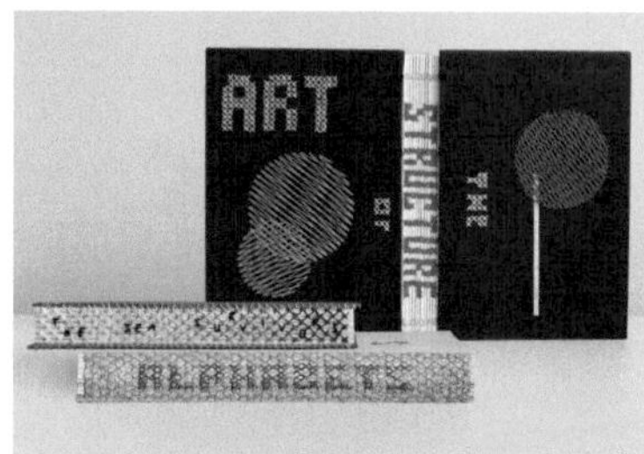


图 1-124 《Book/Art》 伊芙琳·卡斯考夫设计

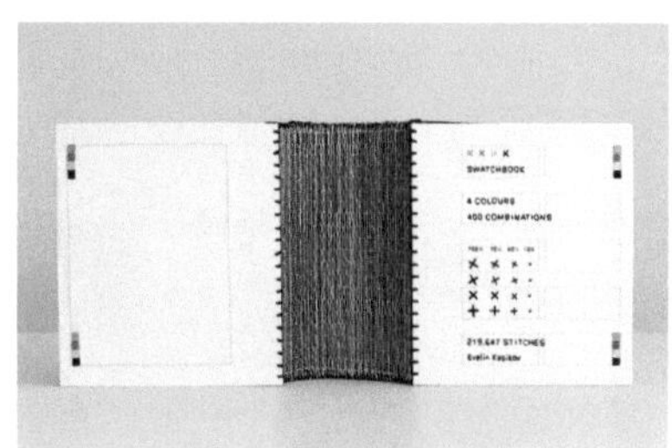

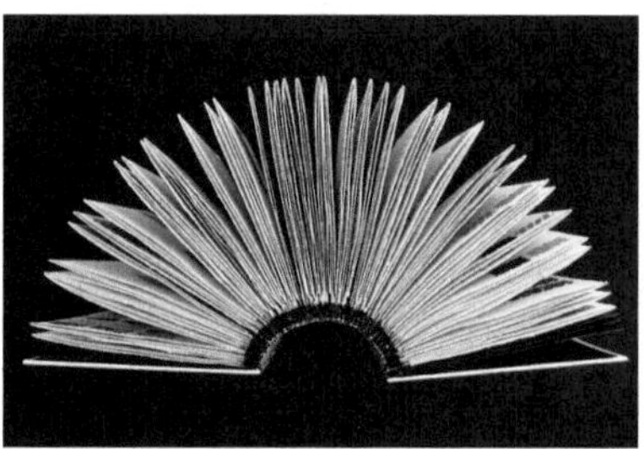

图 1-125 《XXXX Swatchbook》 伊芙琳·卡斯考夫设计

## 六、立体书

立体书又称为Pop-Up Book（Pop-up是弹出式的意思），也称Movable Book（可动书）。由于立体书多以孩子阅读为主，所以也称作儿童立体书。如果将现代各种立体书统称为玩具书Playbook或Toybook应该比较合适。从玩具书的历史渊源来看，玩具书应该是儿童文学出版物中的一个特殊类别，或者更确切地说是绘本中“搞怪类”或“创意升级”的延伸或分类。

颠覆儿童平面书籍的传统形式是立体书发展的一大趋势。首先，与平面图画书相比，立体书更加有利于儿童理解事物；二是立体图书具有多功能、会动的特性，可以更好地激发孩子的探索欲与求知欲；三是可以更好地适应儿童动手实践探索的需要，更能使孩子对书籍产生亲切感，更有利于孩子从小养成阅读的习惯；四是与世界教育理念趋势更加贴近；五是可以更好地发挥儿童的创造性。

说起立体书，便不得不提到美国著名立体书设计大师大卫·A·卡特（David A. Carter）。

“大卫·卡特极致创意立体书”（图1-126）是大卫·A·卡特的代表作。他从1996年开始创作，第一册《一个红点》于7年后完成，在2005年出版，之后又陆续完成其他分册。

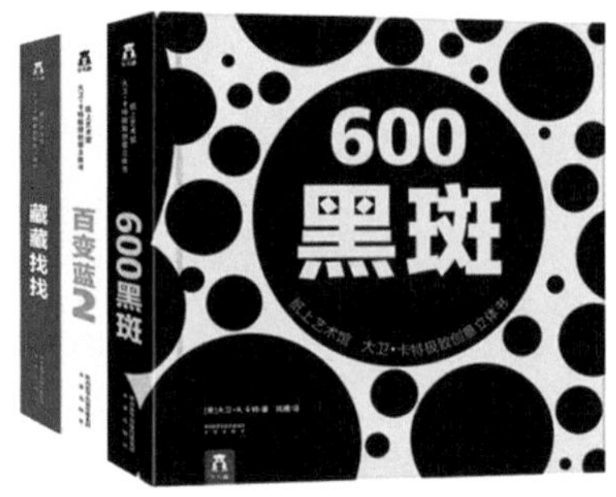


图1-126 大卫·卡特极致创意立体书

《一个红点》获得世界立体书协会颁发的梅根多佛奖（立体书界的“奥斯卡”）；《复活节虫子》获得《纽约时报》三年销售冠军；《立体书制作指南》被美国图书馆协会馆藏，被翻译成多种语言出版。

大卫说：“我创作立体书就是为了吸引读者天然的好奇心，用惊喜和趣味给读者带来欢乐，而且尽可能地寓教于乐，因为对我来说，好奇心的终极结果就是学习。”

走进“大卫·卡特极致创意立体书”，就会发现艺术中灵动的游戏。这套书共有6册，每本都显现不同的风格，似有似无的线索，将你带入书中所传达的艺术氛围；立体的场景，对每一位翻开书的读者而言，是一次奇妙的旅程，每一站都会触发你的好奇心。

《一个红点》：“一个复杂的迷宫盒子和一个红点、两个快速旋转的拨浪鼓和一个红点、三个燃烧的篮子和一个红点等，从1到10，用红点将不同的极具想象力的场景联系起来”，如图1-127所示。这是作者该系列的第一部作品，历时7年完成。

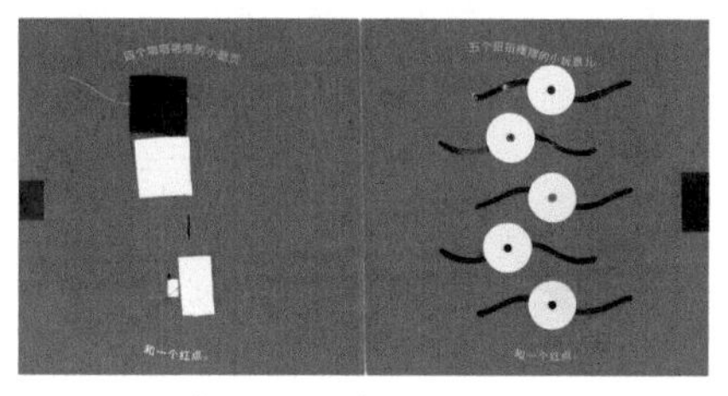
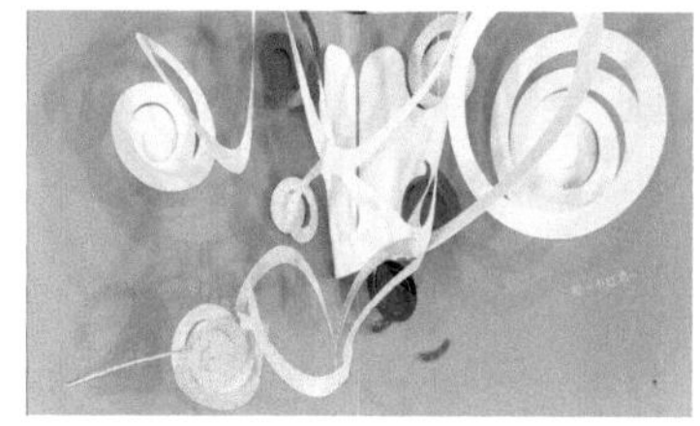

图 1-127 《一个红点》

《黄色方块》：“缠斗的纸面条和一个黄色方块”、“艺术的朦胧和一个黄色方块”、“跳过月亮的奶牛和一个黄色方块”等，用黄色方块将不同的极具想象力的场景联系起来。

《百变蓝2》：“一簇簇怒放缠绕的花朵和一个藏着的蓝2”、“在梦中飞翔的大象们和一个闪耀的蓝2”、“悦目灿烂的螺旋纹和一个凸滑的蓝2”等，英文所配的文字从字母A ~ Z，将26个字母所在的单词串联起来，形成了一个有趣的文字游戏。而百变的蓝2像一个调皮的小精灵一样，或伪装或隐藏，需要读者发挥观察力、想象力和动手能力，脑洞大开，将它在每一个场景中找出来。

《600黑斑》：“轻轻叩击的白色草丛和90个黑斑”、“飘浮着投下影子的蒙德里安和60个黑斑”、“崛起的蓝色孟菲斯和28个黑斑”等，如图1-128所示。全书共有600个黑色圆斑，并不是每个黑斑都显而易见，而是需要读者发挥观察力、专注力，还有解决问题的能力，才能找到所有黑斑。书中还将艺术大师如蒙德里安、孟菲斯设计派、野兽派等的绘画、设计风格与立体纸艺相结合，带领读者进入现代艺术的大门。

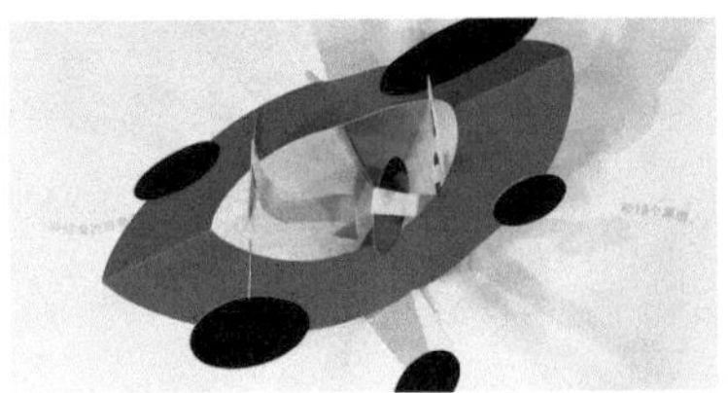

图 1-128 《600 黑斑》

《白色噪音》:“嘭嘭破裂的彩虹泡泡和咔咔响的白色噪音”、“缠结在一起的零碎和叮叮响的白色噪音”、“一片铺满的金黄和嘎吱回响的白色噪音”等，如图1-129所示。在这本书的每一个场景中，纸张和其他材料都经过了巧妙的设计，当翻动书页的时候，就可以发出不同的声音，也就是各种白色噪音。

图 1-129 《白色噪音》

《藏藏找找》:“一条小鱼、一个水滴”、“五个黑色的点、四朵蓝色的花，还有一朵T形的小花”、“一颗红心、一丛蔓藤”等，书中的每一个场景里都藏着数十种事物，通过巧妙的设计与纸艺设计融为一体，需要读者去探索与寻找，如图1-130所示。是继《一个红点》的红、黄、蓝、黑、白后作者所创作的又一本集动态雕塑、立体纸艺、寻找游戏于一体的超酷立体书。

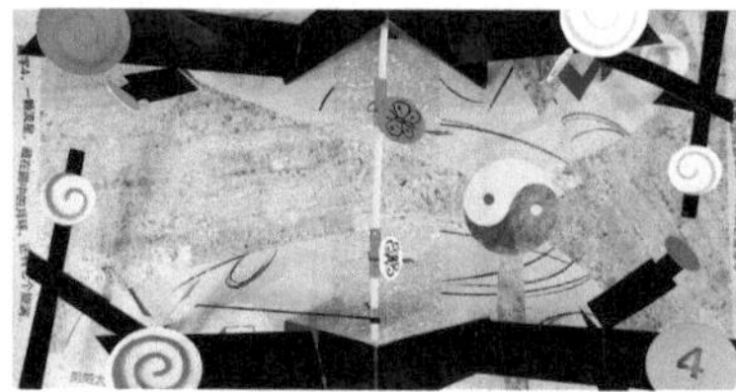
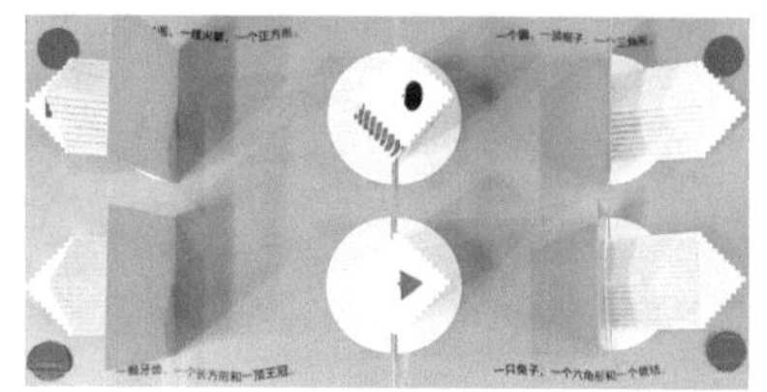

图 1-130 《藏藏找找》

该系列立体书出版后，在立体书界和读者中产生了很大的影响。这套书适合各个年龄段的人阅读和欣赏，一张张书页，就像一座座纸上艺术馆，一扇扇艺术之门。“一座便携型的雕塑花园，一场立体主义和未来主义的愉悦游戏，一堂关于20世纪早期现代主义的艺术课。”《纽约时报》原艺术总监史蒂芬·海勒说。

还有法国纸艺大师菲利普·于什，他的作品有《蝴蝶花园》（图1-131）、《飞吧，天堂鸟》（图1-132）、《雪中精灵》、《花神公主与小马驹》（图1-133）、《机器人不喜欢雨天》、《璀璨星空》等等。

图 1-131 《蝴蝶花园》菲利普·于什设计

图 1-132 《飞吧，天堂鸟》菲利普·于什设计

菲利普·于什被视为近代纸艺艺术家的先行者。由于他的不懈努力，使得立体书能够普及，读者也能以更平易近人的价格拥有和欣赏宛如艺术品的立体书。同时，除了精巧的设计，他的立体书更带着诗意的气质，让各个年龄层的读者都能有所感受、为之感动。

菲利普·于什1958年生于法国瓦尔省土伦市。自巴黎杜佩雷高等应用艺术学院毕业后，他开始从事不同行业：平面设计、纸工程、丝网印刷、教学、媒体插画。他通过自学掌握了很多技能，并总能开辟新的领域。他因其纯手工打造的立体书而成名，数量约达100种。

菲利普·于什的作品不同于纯粹追求复杂技巧的立体书，它具有更

图 1-133 《花神公主与小马驹》菲利普·于什设计

强的整体艺术性，从故事写作、绘画到立体书页的设计全部由作者自己完成。他的作品在感官上，带给我们不同的感受和体验，无论大人还是小孩，在翻开书的一瞬间，都会充满喜悦与期待。

他也是一位非常高产的作者，除了不断创作之外，他还与法国顶尖的纸艺创作者合作，创办了自己的图书工作室，已出版超过200本具有强烈现代艺术风格的图书。

他说："我追求艺术性很强的作品，希望做的书不仅适合小孩子看，大人也同样会喜欢。"从《璀璨星空》(图1-134)里，我们可以看到很多形状语言，像这样艺术感很强的立体书，需要将电脑设计与纸艺立体设计两者绝佳结合在一起。在这个过程中需要反复尝试、摸索、调整，经过一次次的打磨、打样及手工裁剪拼贴，形成一个整体的立体艺术页面。

我们可以从作者的每一部作品中充分领略作者的审美意趣，通过几

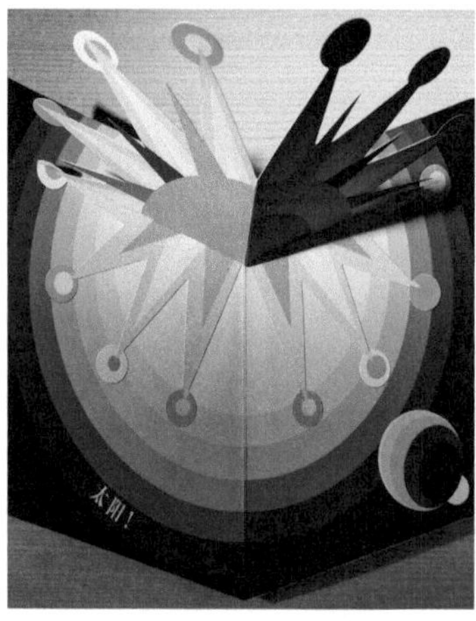

图 1-134 《璀璨星空》菲利普·于什设计

何图形的重叠变换来诠释不同的故事，呈现给我们大自然的美丽意境，生命的生机与活力，童话世界的奇妙情境，带我们进入一个色彩斑斓的当代艺术世界。

他们的作品被翻译成不同语言，中文版由“乐乐趣”推出。乐乐趣的努力极大丰富了我国立体书的世界，在童书市场上受到家长和孩子们的欢迎。

另外还有西班牙绘本作家安娜·耶纳斯的《我的情绪小怪兽》，西班牙立体书设计师希雅威尔·萨鲁莫的《宝贝你来了》，英国凯特·麦克利兰的《上面的上面有什么》、《下面的下面有什么》等等，都是非常优秀的立体书作品。

在近期的图书博览会上也展出了大量国内的立体书作品，有取材于中国传统风俗文化的，有取材于历史名著的，也有取材于动漫故事的……其中不乏优秀之作。

### 七、概念书

概念书（图1-135～图1-137）是在传统书籍的基础上发展起来的一种新的书籍形态，寻求表现书籍内容的可能性，包含了书籍的理性编辑构造与物性造型构造，是书籍传达形态与理念的创新，是一种探索新的书籍设计语言的形式，是对材料和工艺的反思与表述，是对书籍设计原有形态的重新认识、解读和诠释。从概念书设计的探索性方面来讲，立体书也属于概念书的一部分。

### 八、电子书

电子书（图1-138、图1-139）是利用电子数码技术，将文字、

图 1-135 会讲故事的灯书

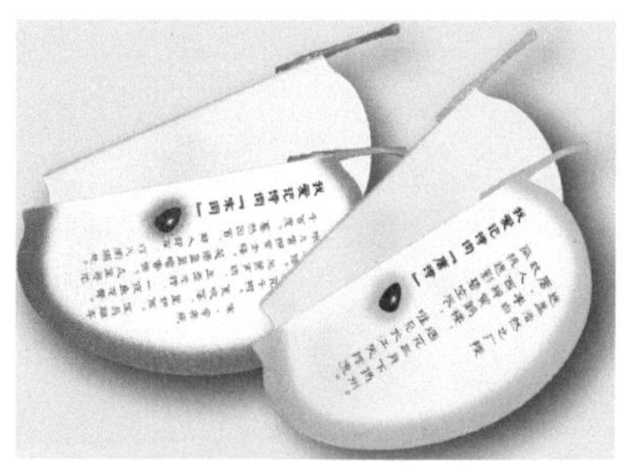

图 1-136 《我爱记诗词》

图 1-137 《镂·书》与《中国风筝》 书籍设计：赵青

图像、音乐、动画等信息进行整合而融为一体的网络数字书籍，具有信息容量大、视听节奏丰富、可读性和传播性强的特点。

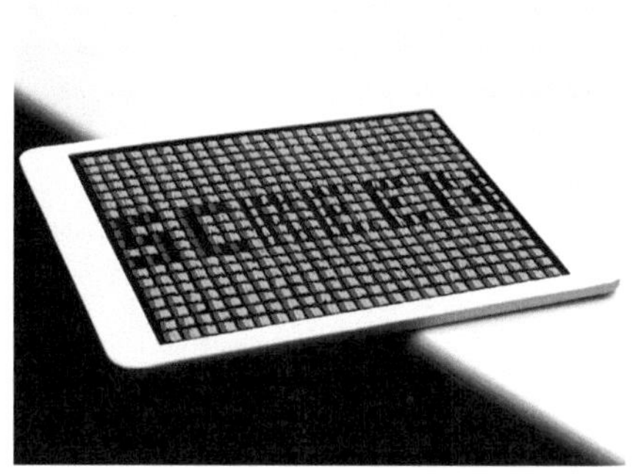

图 1-138《Analogue/Digital》伊芙琳·卡斯考夫　图 1-139 电子书

20世纪是书籍设计实验的世纪，许多优秀的设计师突破传统的限制，将书籍视为可以自由变化、分解、塑造的柔性物体，把书籍的物质材料要素作为书籍艺术创新的重要组成部分，通过物化构造与技术手段将其功能充分地利用起来。他们借鉴了“波普艺术”的流行样式，积极运用大众传媒式的移动影像影视手段，并将其注入书籍内容的叙述中，表现出多元化、丰富而富有表现力的图文语言。

书籍艺术家认为书籍不仅是用来阅读的，也是供读者欣赏的，具有其自身的艺术价值。他们应用各种各样表现方法，尽量在不破坏主题的前提下，注入一种新的设计理念，进而创造出具有前瞻性和极端抽象意境的概念艺术设计。

随着“数码读物”的应时而生，在数字化的今天，设计师可以融合现代视听技术，创造出超越视觉的、前所未有的阅读体验。我们期待一个更为丰富多彩的书籍世界的到来……

# 第二章　印刷工艺综述

书籍设计与印刷工艺是一项前后关联、相辅相成的工作。书籍设计者不但要通过平面构成和版面创意去设计书籍的整体形式，还要了解一些印刷基础技术知识和印刷工艺原理，因为书籍设计的工作最终将以印刷技术来实现。只有在对“技术”充分了解的基础上，才能更好地让“技术”为“艺术”服务。

## 第一节　印刷术的起源与发展

### 一、印刷术的起源

大约1300年以前，我们国家已经有了印刷技术。印刷技术的发明是我们祖先集体智慧的结晶，经历了漫长而艰辛的探索过程。

（一）文字的产生

中国的汉字起源于古代的结绳记事，而后经过刻画记事，逐步发展成为象形文字（图2-1、图2-2）。

文字的发明是人类文明的一大跃进。汉字经历了漫长的发展历程，其字体一直不断演变。最早的文字是殷商的甲骨文和周代的金文(又叫钟鼎文)，从秦朝开始日趋规范，经由篆书和隶书，及至现在的楷书、

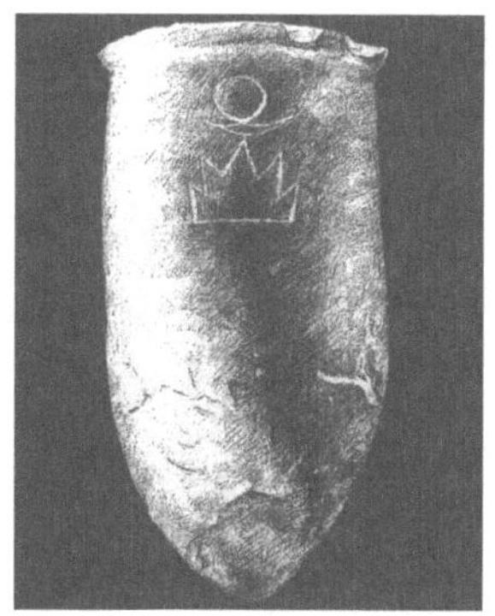
图 2-1　大汶口文化陶尊符号

图 2-2　马家窑文化陶刻符号

行书与草书（图2-3 ~图2-7）。

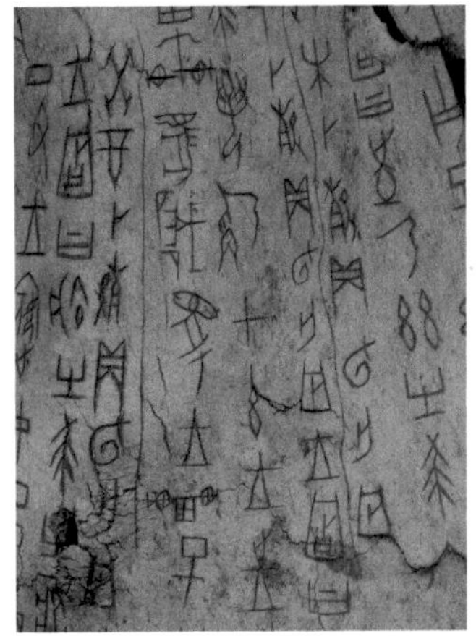

图 2-3 甲骨文

图 2-4 铭文中的图形文字

图 2-5 毛公鼎铭文

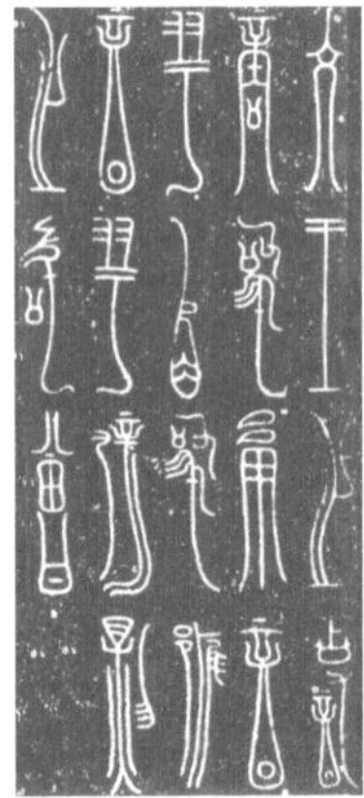

图 2-6 曾侯乙编钟铭文

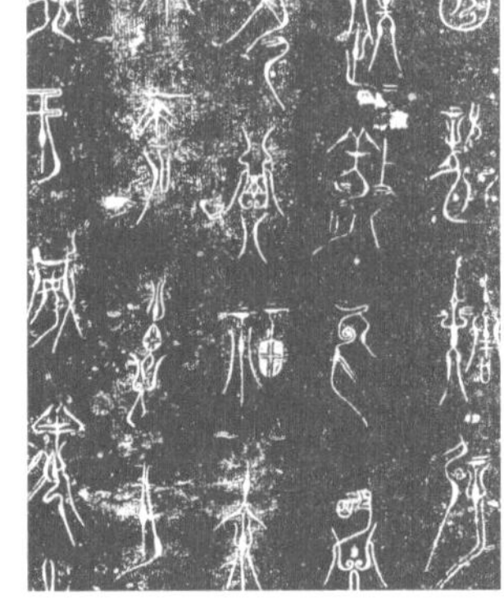

图 2-7 楚王子午鼎铭文

使用文字能够再现准确、生动、完整的语言信息，为后世刻石与刊木、抄书和印书创造了极其有利的条件，快速促进了语言讯息的传播与印刷技术的诞生。

（二）笔、纸、墨的发明

笔、纸、墨的相继发明，为文字的保存提供了必要前提。毛笔大概是在印刷技术发明之前的1000年左右出现的。人们用兔毛做笔尖，用纤竹做笔杆，沾上朱砂之类的有色颜料，在竹简、丝帛等载体上绘画。毛笔经久耐用，涂画方便，历代相传，成为一种极佳的书写工具。

东汉和帝年间（公元2世纪初），蔡伦根据前人造纸的经验，使用树皮、破布、麻头等材料，制造出具有良好质地的植物纤维纸，具有质

图 2-8 中国古法造纸图





优价廉、柔软轻便、韧性好等特点，被称为“蔡侯纸”（图2-8）。纸张是一种特别适合书写又方便携带的材料，很快便取代了沉重的竹简和昂贵的丝帛。

公元3世纪，中国已经制造出烟炱墨。这种墨是由松烟和动物胶制成的，非常适用于书写和印刷，易溶不晕，色浓而不脱。

（三）盖印与拓石

从印刷工艺的角度来看，印章类似于印版，压印等同于印刷，雕刻印章则属于制版。

印章是一种信托，始于周朝，最初体积很小，通常刻有姓名或官衔。到了秦朝，有了玺和印之分，皇帝用的叫玺，臣民用的称为印。根据典籍记载，公元4世纪的晋朝出现了一种大型篆刻，当时的印章有

120字。加盖120字的印章足以形成一篇短文的复制品。

我国早期的印章，大部分是凹面反写的阴文，印在泥土上，可以获得凸起的正写阳文，印在纸上可以获得反白的正写文字。这种从反写阴文中获得原始书写形式的复制方法，已经孕育了雕版印刷的雏形（图2-9、图2-10）。

图 2-9 古印章

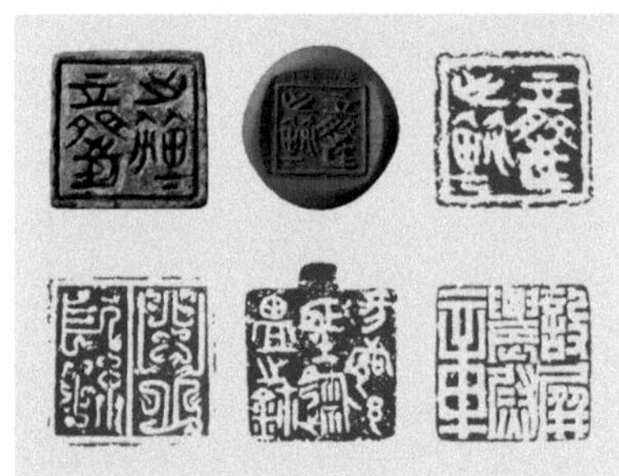

图 2-10 阴文印章

拓石是印刷术发明的另一渊源。

春秋时期，碑刻铭文已在民间广为传播。战国时期，石刻技术已经相当高超熟练。秦始皇游历出巡时，四处刻石记载功绩。汉灵帝熹平四年(公元175年)，蔡邕奉命校正儒家经典，让人刻了46块石碑，这就是著名的《熹平石经》。然后将石碑上的文字用拓片的方式拓印，称为碑帖，既可作书用，也可以用来校正经文，如图2-11所示。显然，盖印与拓石有着异曲同工之妙。

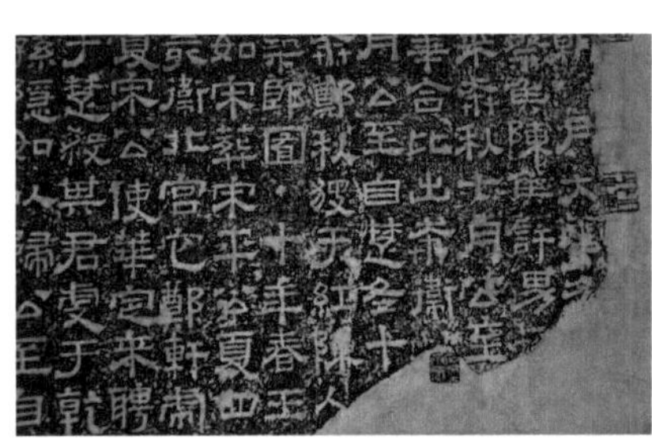

图 2-11 《熹平石经》拓片

## 二、印刷术的发明

### （一）雕版印刷的发明

雕版印刷技术是由盖印和拓石两种方法相结合发展起来的。

雕版印刷的工艺流程是将坚硬的木材锯开、刨平，涂上一层薄薄的浆液，继而将写有文字的透明纸张字面向下粘贴在木板上，待干燥后，用刀子雕刻出反向凸起的文字，即“活板”，然后在版面上刷墨，铺纸，施加压力，就能够得到带有文字的印刷品（图2-12）。

雕版印刷术发明于约1300年前的唐代。

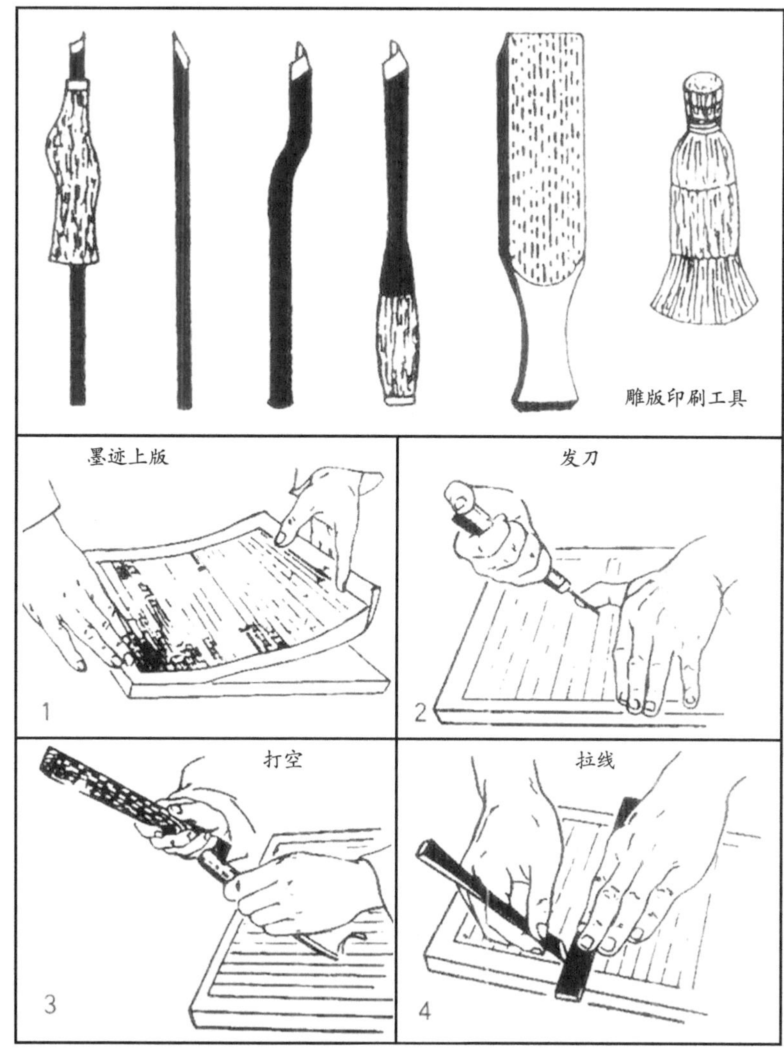


图 2-12 雕版工序

（二）活字版印刷术的发明

毕昇在北宋仁宗年间（公元1041~1048年）发明活字版印刷技术，是我国继雕版印刷技术之外的另一项重大发明。

毕昇发明的活字版印刷，运用泥活字排版，由造字、排版到印刷都有清晰明确的方法。鉴于时代条件的局限，毕昇的发明虽然难免粗糙简陋，但其基本原理却与现代的活字版印刷近似。相比雕版印刷，活字版印刷技术实惠便捷，具有非常明显的优势，因此逐步取代了雕版印刷技术（图2-13、图2-14）。

南宋时期又出现了锡活字，是中国古代最早发明的金属字。但是由于锡活字印刷时不易上墨，所以难以普及。

到了元代，王祯设计了木活字，并发明了转轮排字架，活字依韵排列，排版时转动轮盘，在一定程度上提高了排字效率（图2-15、图2-16）。

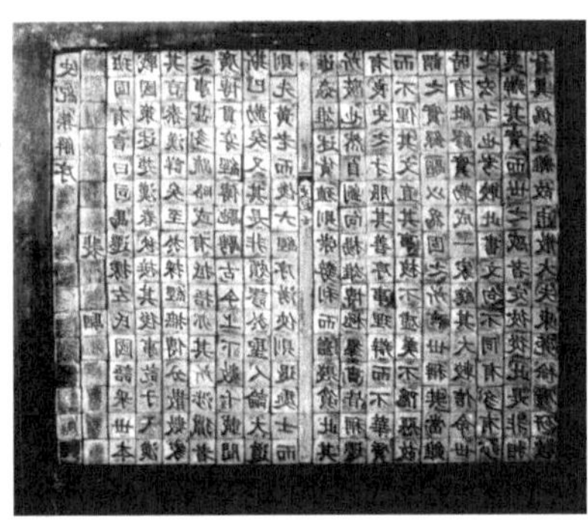

图 2-13 泥活字版

图 2-14 翟金生泥活字模 清道光年间

图 2-15 王祯木活字印刷工序

成造木子

刻字

制槽版

摆书

图 2-16 清内府武英殿印书处的木活字制作及排版

明代中期，铜活字（图2-17、图2-18）在江南等地得到较多的应用。

图 2-17 铜活字

图 2-18 铜活字版

活字印刷术的发明，对于现代印刷术的产生有着直接的影响。

## 三、现代印刷业的产生和发展

### （一）我国印刷术在海外的推广

朝鲜是最早接受中国印刷技术的国家。日本第一部印刷品《陀罗尼经》，是由中国东渡的高僧鉴真同随行的工匠到达日本后所刻，印成于公元770年。

根据历史记载，泰国、越南、柬埔寨、菲律宾和印度尼西亚等东南亚国家的印刷术，通过商人与使者的往来，以及中国僧侣、华侨和印刷工人的外出，渐渐从我国流传过去。

中国的印刷术，不但传播到了以上这些国家，而且通过丝绸之路传播到欧洲，推动了现代印刷术的发展。

### （二）现代印刷术的出现和演变

中国发明的活字印刷术在国外得到了进一步的发展和完善，德国人约翰内斯·古腾堡（Johannes Gutenberg）的铅合金活字印刷术在世界范围内得到了广泛的应用。

古腾堡于公元1440~1448年使用了活字印刷术，尽管从时间上比毕昇发明泥活字印刷术晚了400年，然而却在活字材料与脂肪油墨的改良应用以及印刷机的制造方面取得了极大的成功，进而为现代印刷业的发展奠定了基础。

古腾堡早年跟随叔父从事铸金业，后来想传播《圣经》，产生了发明印刷机的想法。1437~1445年，他研制出了金属活字和印刷机械。1455年古腾堡印刷的《圣经》出版，共两卷，合1282页。为印刷这套《圣经》，他共浇铸了二百九十多个不同的字模。古腾堡《圣经》印刷精美，在美感上可直追当时如日中天的手抄书籍，在西方标志着广泛传播知识、传播科学的新时代的来临。

古腾堡的发明为欧洲现代文明的发展奠定了基础，是欧洲文艺复兴和宗教改革的先驱。在西方出版史上，古腾堡标志着一个时代的来临。

古腾堡的活字印刷技术最先传到意大利，继而传到法国，1477年传到英国的时候，已在整个欧洲传播开来。1589年传到日本，次年传到中国。

DE MISSIONE
LEGATORVM IAPONEN
sium ad Romanam curiam, rebusq; in
Europa, ac toto itinere animaduersis
DIALOGVS

EX EPHEMERIDE IPSORVM LEGATORVM COL-
LECTVS, & IN SERMONEM LATINVM VERSVS
ab Eduardo de Sande Sacerdote Societatis
IESV.

In Macaensi portu Sinici regni in domo
Societatis IESV cum facultate
Ordinarij, & Superiorum.
Anno 1590.

图 2-19 《日本派赴罗马之使节》

我国铅活字版印刷术首先是从澳门开始的，1590年在澳门出版了《日本派赴罗马之使节》一书，这是在我国使用欧洲铅活字印刷的第一部书，如图2-19所示。

第一台快速印刷机于1845年面世，这是由德国生产制造并向全世界推广的设备，代表着印刷技术从此走向机械化发展的道路。

1860年美国研发制造了第一批轮转印刷机，继而德国又制造了双色快速印刷机与快速印刷报纸的轮转印刷机，并于1900年取得技术上的突破，完成了六色轮转印刷机的研发制造。

印刷技术从20世纪50年代起处于现代化发展阶段，吸收了电子、激光、信息科学、高分子化学等各项技术成果。进入70年代后，印刷技术向多色发展的道路迈进，在此时期光敏树脂凸版和PS版已经普及。进入80年代后科技不断进步，电子分色扫描仪和整页拼版系统被吸纳到印刷行业，数据化和标准化的彩色图像复制得以实现。与此同时，汉字排版技术也随之发展起来，逐渐完善了信息处理与激光照排，从根本上进行了重大变革。进入90年代后，印刷行业实现了跨越式发展，彩色桌面出版系统被引入印刷技术之中，标志着计算机进入印刷领域。总而言之，印刷技术处于现代科技高速发展的阶段，原来的面貌已被改变。

### 四、我国近代印刷术的发展

英国人玛利逊为了传播教义，1819年第一次采用汉字活字完成了《圣经》的印刷；英国的台约尔在1838年完成了一套汉字字模并铸字印刷；英国的麦都思在1843年进入上海后，经过多方筹措，成立了从事出版铅印书籍的海墨书馆；申报创刊的时间是1872年；石印印刷部成立的时间是1875年，属于上海土山湾印书馆的分支机构（图2-20、图2-21）；1897年商务印书馆宣告成立；而中华书局成立的时间则在

图 2-20 吴友如绘点石斋石印工厂

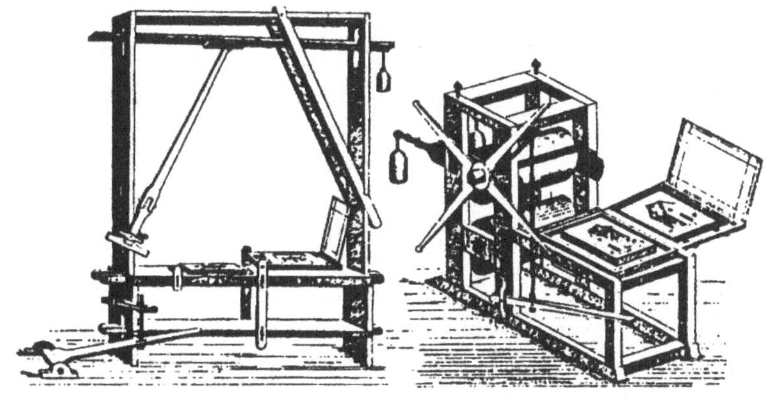

图 2-21 塞氏木质石印架

1912年。随着书报杂志的大量出版，先进的印刷机械被广泛使用。手工业印刷技术在20世纪初逐渐被机械化印刷技术所取代，现代印刷在我国印刷技术中逐渐占据主流地位。

## 五、新中国印刷事业继续发展

建国之后印刷事业受到国家的高度重视，所成立的新闻出版署作为国家管理机构对印刷、出版、发行等各项工作实施统一管理。各省相继成立了新华印刷厂，承担着书刊印刷等工作。我国印刷工业体系的构建初步完成，具有一定的规模并进行了合理布局。改革开放之后百业俱兴，推动印刷业迅速发展起来，逐步形成了现代化的印刷业体系。

在排版方面取得突破性进展，早在1974年国家在印刷方面加大科研力度，在国家级科研项目中将“748”工程的汉字信息处理技术列为重点。计算机激光汉字编辑排版系统于1983年被研发成功，推动汉字编排走上创新之路。山东潍坊计算机公司在印刷方面取得丰硕成果，于1990年完成了华光V型电子出版系统的研制。方正电子出版系统是由北京大学新技术公司研发成功和推出的科技成果，采用了世界先进的光栅图形处理器RIP，在把印刷成本降低的同时增强了技术性，不但实现了字号的无级变倍，还把高速远程传输的设想变为现实。方正93卡实现了字体的多变性，于1993年被研发成功。

图像制版方面发展态势良好，电子分色技术自20世纪80年代中期以来已经日趋成熟。彩色桌面出版系统早在20世纪90年代已在我国出现，而且能够保持世界先进水平。

从印刷机械制造的层面进行探讨，可以确定的是，不论是制造能力还是质量水平都有了较大幅度的提升。1995年，在德鲁巴国际纸品印刷展览会上，我国首次展出了五色胶印机，该设备具有较高的性能，大对开幅面和带酒精润湿系统，足以说明我国印刷机械制造已进入世界先进行列，达到较高水平。

为了与飞速发展的印刷工业保持同步，早在1956年我国已经开展了印刷科学技术的研究工作，陆续组建的印刷科研机构已达到20多家。同时提高了对印刷教育的重视程度，除了北京印刷学院、上海印刷专科学校为代表的专业院校外，开设印刷专业的知名高校有10多所。

在现代传播媒介载体中，印刷是最为普及的一种，它能促进人们进行更好的信息与思想交流，从而推动人类的文明进步。环顾我们的周围，就会发现大量种类繁多的印刷品：书刊、报纸、海报、画册，包括各种各样的产品包装、说明书，以及日常所用的账单、钞券、票据等，这些产品都是利用印刷技术生产的。毫不夸张地说，印刷已经渗透到人类社会的方方面面，覆盖人们衣食住行娱等领域。

## 第二节 印刷工艺综述

### 一、印刷的定义

长期以来，印刷必须有印版，印版上的油墨(或颜料)只有在压力作用下才能转移到承印物上。因此，人们认为印刷技术的发展是印版和压力的演变。然而，由于激光、计算机等高科技成果在印刷上的应用，不需要印版和压印的数字印刷方法不一而足，例如喷墨打印、激光打印、液体热喷墨打印、电子束成像、热升华转移、热蜡转移等，为印刷提供了一个全新的定义。我国颁布的国家标准《印刷技术术语》中写道:“印刷是使用模拟或数字的图像载体将呈色剂/色料（如油墨）转移到承印物上的复制过程。”

从印刷的概念出发，我们可以看到，印刷是将原稿中的文字资料进行复制的技术。其最显著的特征是可以在各种载体上大量、经济地复制原始文献的图文信息，并且可以广泛传播和永久保存。

印刷品的制作通常要经过五个工序:初稿的选择或设计，输出、晒制印版、印刷及印后处理。也就是说，首先选定或设计出一张适用于印刷的原件，再将其上的图形文字资料进行加工，使之适用于制作印刷的印版，最后将印版安装在印刷机上，利用输墨系统在印版表面上施墨，通过压力机械施加压力，使油墨从印版转移到承印物上。如此复制的大量印刷品，经过印后加工，成为适合各种用途的成品。

如今人们往往把印版的设计、图文信息处理、制版称为印前加工，而将油墨从印版上转移到承印载体上的工艺称为印刷，把印刷好的承印物加工成人们所要求的形式、效果或满足使用性能的生产过程称为印后加工。这样，印刷品的完成需要经过印前加工、印刷、印后加工等工序。

### 二、印刷的要素

传统印刷生产的印刷品是在五大要素的基础上形成的，具体包括原稿、印版、油墨、承印物、印刷机。

（一）原稿

制版和印刷都是在原稿的基础上形成的，印刷品质量的优劣是由原稿质量所决定的。由此可知原稿选择与设计的重要性，其内容必须适合进行印刷。需要注意的是，在印刷和复制过程中原稿的风格不要改变。原稿包含反射、透射、电子三种类型，不论原稿属于哪种类型，都要把制作方法与图像特点结合起来，同时还要体现出照相、绘制、线条、连续调之分。

反射原稿：该类型原稿图文信息的载体是不透明材料；反射线条稿：该类型原稿的载体是不透明材料，由黑白或彩色线条共同组成图文。画稿、文字、照片、线条图案等属于此类型。

反射连续调原稿：该类型原稿的载体是不透明材料，色调值的特点是连续渐变，照片、画稿等属于此范畴。

实物原稿：以实物作为复制技术中的复制对象，织物、画稿、实物等属于此范畴。

透射原稿：在此类原稿中图文信息载体所使用的是透明材料。

透射连续调负片原稿：在此类原稿中所采用的载体是透明感光材料，被复制的图文部分呈现出透明状态，或者是为其补色的连续调原稿，黑白和彩色照相负片等属于此范畴。

电子原稿：此类型原稿图文信息的载体所采用的是电子媒介，图库、光盘属于此范畴。

（二）印版

一种印刷版，即“用于传递呈色剂/色料（如油墨）至承印物上的备印图文载体。”图文信息从原稿被复制到印版之上，图文和非图文两部分共同组成了印版。在进行印刷操作时，吸附油墨的是图文部分，将其称之为印刷部分；不吸附油墨的是非图文部分，将其称之为空白部分。

印版的作用是复制原稿的图文信息。

印版由两部分组成：版基和版面。以印版图文和非图文区域的相对位置为依据对印版的类型进行划分，可以分为凸版、平版、凹版、镂空版四种类型，同时形成与之相对应的四种印刷方式。

凸版印刷：图文与空白两部分相比较前者明显高于后者。活字凸版、感光树脂版属于此类型。

平版印刷：图文和空白两部分并无明显差异，基本上处于同一平面。平凹版、PS版、金属版、多层版等属于此类型。

凹版印刷：图文与空白两部分相比较前者要明显低于后者。相机凹版、手工机械雕刻凹版、电子雕刻凹版等属于此类型。

孔版印刷：图文部分有通孔存在。镂空版、丝网版属于此类型。

印版所选择使用的版材类型有多种，比较常见的有纸版、木版、石版、钢版、铜版、锌版(亚铅版)、塑胶版、玻璃版、尼龙版、铝版、石金版、镍版、镁版、电镀多层版、橡皮版等。

平床机印刷所使用的是木版、石版、玻璃版等不能弯曲的版材；凹版印刷所使用的是铜版和钢版；其余版材可供平版或轮转印刷机使用。

合金版类中的纸型铅版和活字排版是由铝、锑、锡合金溶液浇铸而成的，其中米拉可版是由镁、铝合金组成，蒙尼金属版则是由铜、镍合金组成。

多层金属版中的双层金属版是铬面铜底，三层金属版则采用的是铬面铜层钢底（甚至也有用不锈钢的）。

因为版材不同，所用印刷机械、印刷油墨、印刷技术及印刷效果也存在较大的差异。

（三）油墨

在进行印刷操作时,油墨是作为成像物质被转移到承印物之上。

油墨的种类随着印刷技术的发展而增加，并且出现了多种分类方法，以印刷方式作为划分的依据可以划分为五种类型，凸版印刷油墨、平版印刷油墨、凹版印刷油墨、孔版印刷油墨、特种印刷油墨。

如若承印物、印刷油墨和其他材料在与印刷条件相匹配的同时还要与印刷作业的性能相适应，即称之为印刷适性。油墨的印刷适性涵盖了黏度、着性、触变性、干燥性等。

（四）承印物

对于在接受油墨或吸附颜料后，能够以图文形式出现的材料统一称之为承印物。与印刷技术发展同步的是产生了更多的印刷种类，而可供使用的承印物也越来越多，目前纸张的使用量最大，织物、塑料、金属、玻璃等也是比较常用的承印物。

1.纸张

把纤维、填料、胶料、色料按比例混合，经过加工程序处理后即制成纸张。

2.纸张的分类

供印刷使用的纸张种类有很多，如新闻纸、胶版纸、铜版纸、画报纸、合成纸、白板纸、拷贝纸、牛皮纸、凸版纸、凹版纸、特种纸等。

3.纸张的尺寸

印刷纸张的规格有两种，一种是适用于一般印刷机的平板纸，另一种是适用高速轮转印刷机的卷筒纸。

平板纸的幅面尺寸有多种，比较常用的有880毫米x1230毫米、850毫米x1168毫米、880毫米x1092毫米、787毫米x1092毫米、787毫米x960毫米等，符合上述尺寸规格的纸张均为全张纸或全开纸。

一卷卷筒纸的长度一般是6000米，而宽度规格尺寸有多种，比较常用的有1575毫米、1562毫米、880毫米、850毫米、1092毫米、787毫米等。

4.纸张的计量单位

以令和卷作为纸张的计量单位，卷筒纸指的是整条纸卷成一个筒，通常情况下一卷纸约等于10令，1令等于500张。

纸张的厚薄以克重定量来衡量，如128g/m$^2$、157g/m$^2$、200g/m$^2$……数值越大，纸张越厚。克重表示一张纸每平方米的重量（克数）。

5.纸张的印刷适性

纸张与印刷条件相匹配，与印刷作业适合的性能即称之为纸张的印刷适性，纸张的丝缕、抗张强度、表面强度、伸缩性等都属于此范畴。

(1)纸张的丝缕

纸张有着敏感于水的特性，在温度与湿度发生变化的条件下对纸张与丝缕成直角和平行两个方向的伸缩率进行比较，显然前者要大于后者，所以在印刷或印后加工过程中要予以关注，明确对印刷质量所产生的影响。在装帧书籍时要做出正确选择，以直丝缕纸制成书芯，也就是说纸张丝缕与书脊之间要呈现出平行的关系，而软封面则相反，纸张丝缕与书脊之间要呈现出垂直关系，否则所制作出的书籍平整度难以达到要求。

(2)纸张的抗张强度

一定的承受能力是纸张或纸板必须具备的条件，纸张所能承受的最大张力即称之为纸张抗张强度。对高速轮转印刷中卷筒纸的性能进行分析，如果纸张抗张强度没有超过纵向张力时则会导致纸张出现断裂。印刷速度越快对纸张抗张强度的要求越高。

(3)纸张的表面强度

处于印刷过程中的纸张由于受到油墨剥离张力的作用而具备的防尘、防掉毛、防起泡、防撕裂等性能，可以通过纸张拉毛速度体现出来，以米/秒或厘米/秒作为单位。如果在印刷过程中采用的是高速印刷机，使用的油墨具有较高黏度，在对印刷的纸张进行选择时要求表面强度达到较高标准，避免出现脱落掉粉等问题，如果细小纤维、填料、涂料粒子从纸面上脱落下来会导致“糊版”，降低印版的耐印力。

(4)纸张的含水量

在干燥与温度达到一定标准的条件下，对于干燥并达到恒重的纸张样品测定出所减少的质量与原纸样质量所形成的百分比称之为纸张含水量。普通纸张正常情况下含水量为6% ~8%，如果含水量低于此范围，则印刷时会有静电吸附的问题产生而引发故障，例如纸张难以被送达、有污垢在印刷品背面产生等。

纸张这种物质具有高度亲水的特征，如果环境温度与湿度发生改变，必然会导致含水量出现波动，使纸张的尺寸与形状发生变化，容易造成多色印刷套印不准等问题。

含水量为5.5%~6.0%的纸张最为理想，印刷车间对于温度和相对湿度都有着具体的要求，温度控制在18~24℃为宜，相对湿度则控制在60% ~65%为最佳。

(5)纸张的平滑度

纸张平滑度是通过贝克平滑度仪来检测确定的，所代表的是纸张表面不平整的程度。一定体积的空气在通过纸张时所需要的时间越长则平滑度越高。在进行印刷时如果纸张的平滑度较高，油墨与其接触的面积则会扩大，所获取的印刷品图文更加清晰，墨色更加饱满。如果印刷品带有网点，为了达到网点清晰、层次鲜明、色彩艳丽的印刷效果，要求纸张的平滑度必须达到较高的标准。

(五)印刷机

印刷机通常包括送纸、上墨、印刷、收纸等功能结构，平版印刷机还安装了输水装置。

可以按照不同的标准对印刷机的类型进行分类。

按版面类型可以将印刷机分为凸版印刷机、平版印刷机、凹版印刷机、孔版印刷机四种类型。

按纸张规格尺寸可以将印刷机分为平版印刷机、单张纸印刷机、卷筒纸印刷机三种类型。

按印刷颜色数量可以将印刷机分为单色印刷机、双色印刷机、多色印刷机等类型。

按印刷幅面可以将印刷机分为八开印刷机、四开印刷机、对开印刷机、全张印刷机、超全张印刷机等类型。

按施压方式可以将印刷机分为平压平型印刷机、圆压平型印刷机、圆压圆型印刷机三种类型。

## 三、印刷的分类

(一)按照印版形式分类

1.凸版印刷

这种形式的印刷特点在于图文部分的高度明显超过空白部分。在进行印刷操作时把油墨敷在图文部分，而空白部分较低所以不能黏附油墨。然后使纸张等承印物与印版接触，并施加一定的压力，而油墨则完成了从印版图文部分向承印物上的转移。

2.平版印刷

这种印刷形式也称之为胶版印刷、平版胶印，在印版的一个平面内图文与空白部分同时存在，在橡皮布的作用下使图文部分的油墨被转印到承印物上。

3.凹版印刷

凹版印刷印版的图文部分凹下，空白部分凸起。采用这种方式时要将油墨覆盖在整个印版表面，然后由专门的刮墨机构去除掉空白部分的油墨，只有图文部分的网穴中留有油墨，在施加较大的压力后使油墨转移到承印物表面。

4.孔版印刷

孔版印刷有四种类型，分别为型版、誊写孔版、打字孔版、丝网印刷，且有多种不同的制版方法，都具有工艺简单、设备轻便、易于操作的优势，因此得到广泛的应用。

可以说型版是最为古老的一种技术，把文字或图形雕刻在木片、纸板、金属、塑料片等材质上，镂空的印刷版即制作完成，利用刷涂或喷涂的方法，使颜料透过印版之后被印刷在承印物上。通过对出土的古代印花织物进行研究，可以确定型版早在春秋时期已经在我国出现。

誊写孔版在制版时所采用的方法是手写，最早是在多孔性纸上涂上明胶，以毛笔作为工具蘸上稀酸在上面进行图形描绘；后来进行了改良，准备好有网格的钢板，用铁笔在上面刻写蜡纸完成印版的制作，油墨可以透过蜡纸被刻画的部分印刷到承印物上。

打字孔板是用打字机在蜡纸上打印活字，活字的冲击使蜡纸形成渗墨的文字孔板。

丝网印刷，这种印刷方法所选用的版材是丝网，在丝网上完成图文与版膜的制作。版膜能够阻止油墨通过，图文部分经过外力的刮压，可以将油墨通过丝网漏印到承印物上形成印刷图案。现代丝网印刷不仅在技术上不同于其他三种，而且是四种印刷类型中使用最广泛的一种。

（二）按照印刷程序分类

1.直接印刷

印版上图文部分的油墨直接转移到承印物表面的印刷方式，叫作直接印刷。直接印刷版，图文为反像。

2.间接印刷

间接印刷是指印版上的油墨不直接转移到承印物上，而是通过中间弹性滚筒，经中间载体转移到承印物表面的印刷方式。间接印刷版，图文为正像。

（三）按照印刷原理分类

根据印版的印刷部分和非印刷部分在印刷过程中产生印刷品的原

理，可分为物理性印刷和化学性印刷两类。

1.物理性印刷

物理性印刷是指油墨在被印刷部分完全是一种堆积承载，非印刷部分则凹下或凸起，与被印刷部分高度不同，不能黏附油墨而留下空白。因此，被印刷部分的油墨移转到承印材料上是一种物理和机械作用。一般凸版印刷、凹版印刷、孔版印刷与干平版印刷等印刷面皆高于或低于非印刷面，都属于物理性印刷。

2.化学性印刷

化学性印刷是指印版非印刷面不沾油墨，并非由于该部分低凹凸起或被遮挡，而是因为化学作用使其产生吸水斥墨薄膜的原因。印刷部分的印刷面吸墨拒水，非印刷部分吸水拒墨，水与油相互排斥仍然是物理现象，但在印刷过程中，要不断使非印刷部分在水槽溶液中补充吸水拒墨的薄膜，需要加入酸和胶类物质，使其源源不断供应羧基因的黏液酸层，以保持印版非印刷部分不被油墨侵染，所以是化学性印刷。平版橡皮印刷机印刷就属于这一类。

（四）按照印刷品的色彩分类

1.单色印刷

在一次印刷流程中，仅将一种油墨颜色印刷在承印物上，叫做单色印刷。一次印刷流程指在印刷机上进行一次纸张的输送和回收。单色印刷并不限于黑色一种，任何一种单色颜色显示图文的都属于此类。

2.多色印刷

一次印刷流程中，将两种或两种以上油墨颜色印刷在承印物上，叫做多色印刷。多色印刷可以分为三种：增色法、套色法和复色法。

增色法是在单色图像中的双线区域内，添加另一种颜色，使其更为清楚和明快，更便于阅读。儿童读物的印刷品通常多用这种方法。

套色法是每种颜色都是独立的，互不重叠，没有其他颜色作为范围的边缘线，依次套印在印刷品上的方法。对于某些专色印刷品，如线条图表、商品包装纸、地图、票据等，通常采用此种方法。需要使用三原色油墨黄、品红、青调配出指定的色彩，或者由油墨制造商供给专色油墨进行印刷。

复色法通常是指通过叠加青色（C）、品红（M）、黄色（Y）三原色和黑色（BK）油墨再现原稿颜色的印刷。依照色光加色混合法，将天然彩色原稿分解成原色分色版，继而再利用颜料减色混合法，将原色版重印在同一承印物上。鉴于原色交叠区域面积的大小不同，进而获得近似原稿的天然彩色印刷品。除了少量采用增色法和套色法外，其余大部分彩色印刷品都是用复色法印刷。自20世纪90年代起，随着图像信息处理技术的飞速发展，利用黄、品红、青、黑、红（R）、绿（G）、蓝（B）七种油墨印刷的多色印刷品上市，印刷工艺日臻完善，彩色图像原稿色彩再现得以达到高保真的水平。

（五）按照承印材料分类

根据承印材料的不同，可分为纸质印刷、塑料印刷、玻璃印刷、白铁印刷、木质印刷、纺织品印刷、陶瓷印刷等。

印刷品的主流是纸质印刷，约占95%，可应用于凸版、平版、凹版、孔版，称为普通印刷；纸张以外的承印材料大多是特殊印刷。

（六）按照印刷品的用途分类

由于印刷业务的种类不同，所以用途也不同。基于印刷品的用途，一般分为报纸印刷、广告印刷、书刊印刷、包装装潢印刷、地图印刷、文具印刷、钞券印刷和特种印刷等。

过去，书刊和报纸使用凸版印刷，现在多改用平版印刷。

## 四、印后加工

印后加工是指印刷品在印刷机上完成操作后，根据印刷品的不同用途和要求对印刷品进行的再加工。

根据加工的目的，印刷品的印后加工可分为三大类：

第一种是使印刷品获得特定功能的处理加工。印刷品是供人们使用的，不同的印刷材料由于其服务对象或使用目的不同，应该具有加强某些功能的作用，如保护印刷材料免受潮湿和磨损的覆膜加工。有些印刷材料还有一些特定的功能，如单据、表格等的可复写功能。

二是美化和装饰印刷品的表面。例如为提高印刷品的光泽度而进行的上光或UV，为提高印刷品的立体感而进行的凹凸压印等。

三是印刷品的成型加工。比如将单页印刷品裁切成设计规定的幅面尺寸，书刊画册的装订，包装盒的模切、压痕和裱糊等。

## 五、印刷工艺流程

不论采用何种印刷方式，印刷品的完成通常要经过初稿的设计与选择、原稿的制作、制版、印刷、印后加工等流程，如图2-22所示。

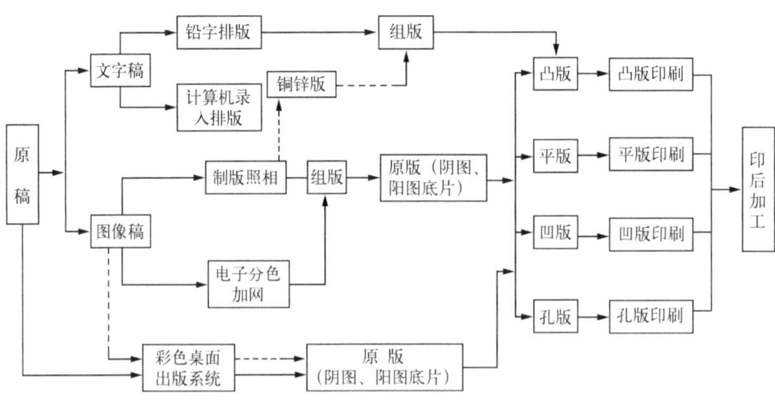


图 2-22 印刷工艺流程图

# 第三节 印刷工艺原理

## 一、平版印刷

平版印刷，这种印刷形式也称之为胶版印刷、平版胶印，其图文与空白部分同时存在于印版的一个平面，通过间接方式在橡皮布的作用下使图文部分的油墨被转印到承印物上。橡皮布具有弹性，同时压印滚筒在纸张下面施压，纸张在两个滚筒之间的压力作用下完成图文转移。平版印刷是目前使用最广泛的印刷方法。

(一)平版印刷的基本原理

平版印刷是根据早期的石版印刷发展而命名的。早期的石版印刷，版材是用石头打磨平整后使用，后来又改进为金属锌版或铝板，其原理没有改变。

平版印刷是利用油、水不相溶的原理进行的。图文和非图文部分在平版印刷版面上基本处于同一平面，在进行印制操作时，首先通过印版的供水装置向印版的非图文部分供水，而向印版供墨则是通过供墨装置来完成的，由于印版非图文部分受到水的保护，只有图文部分能够获取油墨。先将印版上的油墨向橡皮布转移，再利用橡皮布滚筒与压印滚筒之间所产生的压力将橡皮布上的油墨转移到承印物上，即完成一次印刷。所以平版印刷属于一种间接印刷方法。

（二）平版印刷的方式

平版印刷方式是由早期的石版转移印刷演变而来。首先将需要印刷的文字、图案在转印纸上描绘，然后落在石版上成为反向图案，再印刷在纸上成为正向图案。由于这种方法在印刷过程中承受压力，导致粘在版面上的油墨扩散膨胀，造成画线不良的现象，所以后来改进为“胶印法”，又称“柯式印刷”。印刷方式是将版面图文做成正向，印刷时以反向的形式转印到橡皮滚筒上，再以正向的形式印刷在纸上，从而使印刷压力的弹性得到改善。

平版印刷早期是平压平型，再后来发展成圆压平型与圆压圆型。特殊印刷多用圆压平型机器，例如校样用的打稿机等。印刷纸张类的机器则全部改成了圆压圆型。

（三）平版印刷品的特征

平版印刷品比凸版印刷品柔和。凡是线条或网点的中心油墨浓厚，边缘不够整齐且无堆积现象的即是平版印刷品。由于平版印刷印纹边缘容易受水侵扰，造成油墨浓度减淡，边缘呈现不整齐的现象。鉴于水和间接印刷的原因，平均色调降低，在三种主要的印刷方式中，色彩浓度最轻，油墨表现力为60%~70%。目前很多国家的彩色印刷品多是平版印刷。

（四）平版印刷的优缺点

优点：制版成本低廉，装版套色准确，工作简便，印刷品柔和软调，印刷版容易复制，适合大量印刷。

缺点：版面油墨稀薄，色调再现力弱，鲜艳度缺乏，特殊印刷应用比较有限。

（五）平版印刷的应用范围

平版印刷的应用范围有报纸、杂志、书籍、宣传单、海报、包装、说明书、挂历及其他有关彩色印刷及数量大的印刷物。

## 二、凸版印刷

（一）凸版印刷的基本原理

凸版印刷的原理并不复杂，采取这种方式进行印刷时首先要保证供墨装置将油墨分布均匀，再利用油墨辊将油墨向印版上转移，而处于凸版上的图文部分明显高于非图文部分，墨辊上的油墨只能转移到图文部分，而非图文部分则无法接收到油墨。在送纸机构的作用下完成纸张向印刷位置输送的操作，印版和压印装置在进入工作状态后由承印物来接收印版图文部分的油墨，印刷品的印刷工作得以顺利进行。

（二）凸版印刷的方式

凸版印刷一般有两种方式：活版印刷与柔性版印刷。

1. 活版印刷

活版印刷是从早期的泥活字、锡活字、木活字、铜活字发展而来，铅字排版成为近代所采用的主要方法。活版印刷属于比较直接的一种印刷方法，印版将所需要印刷的内容直接印在纸张之上。

凸版印刷中的印版除了文字使用的是铅字，其余图案、特殊字体、图片等版材，都是通过照相制版法制成锌版(俗称电版)，随着技术的进步逐渐发展成为尼龙胶版，使网点印刷效果得到提高。

活版印刷所使用的印版通常都是平的，但是有时需要对印版进行处理，将平的印版复制成弯曲的铅版，安装在卷筒式轮转凸印机上，可以完成如印制报纸等数量较大的印刷任务。

活版印刷可以完成图片和文字的印刷任务，加入一些附件，还可以承担凹凸面的文字和图案的印制工作，可以对印面进行割切操作，完成撕纸针孔线的印制，还可以进行自动调换转位数码字的加印。

2.柔性版印刷

柔性版印刷是凸版印刷中很有发展前途的工艺。虽然与活版印刷类似，但其也有着自身的优势。柔性版印版的材质比较特殊，由一块软胶所制。油墨则与凹版印刷相近，具有稀薄和易挥发的属性，通常用来印刷胶纸和塑料袋。凸版胶印一般用0.25毫米左右的感光聚合物做成薄凸版，与胶印相似，先将印版上的油墨转移到橡皮布滚筒上，后再向印张转移，也可以称为间接凸印。在操作时由于印版没有润湿的要求，又称干胶印。

可施印各类胶纸，如玻璃纸、PVC胶纸、聚合酯胶纸、醋酸纤维纸等，此类物料的特点是表面并不具备吸收与渗透油墨的性能。在对塑料袋、手抽以及塑胶外包装等进行印刷时，采取这种方法可以达到较好的效果。但同时也要看到这种印刷方法的不足之处，即在印刷细微的点线方面不如平版和活版印刷，所以在图片上要注意强调大效果。

（三）凸版印刷品的特征

由于印版上的图文部分凸起，空白部分凹下，凸起的印纹边缘受压大，所以有凹痕，油墨颜色比中心部分浓厚。用手触摸印刷品的背面有微微凸起的感觉。

（四）凸版印刷的优缺点

优点：墨色较厚实,又避免了胶印因润湿液带来的副作用。具有较强的色调再现力，版面具有较强的耐度，可以完成大数量的印刷任务，而且纸张应用范围广泛，还可以印刷纸张以外的材料。

缺点：制版工作较为复杂，需要支付较高的成本，橡皮布长期处于浮雕型版面的压印之下则可能出现凹瘪痕迹，使用寿命有限，数量少的印件不合适。

（五）凸版印刷的应用范围

凸版印刷具有较强的实用价值，除了报纸和画册外，还适用于多种开本与装订方法的杂志书籍，以及装潢印刷品等。

## 三、凹版印刷

凹版印版与凸版印刷正相反，图文部分显然要低于空白部分，也就是说印版着墨部分是凹陷的，而空白部分是平滑整齐的。凹版印刷是用油墨涂覆印版的整个表面，然后用专门的刮墨装置去除空白部分的油墨，使油墨只留存在图文部分的网穴中，然后在更大的压力作用下转移到承印物表面。印版上的图片和文字是反像。

（一）凹版印刷的基本原理

凹版印刷是一种直接印刷方法，油墨被置于凹版凹坑之中，可以直接印刷到承印物上。凹坑的大小与深浅是关键，对印刷画面的色调起到决定性作用，凹坑越深说明含墨量越多，经过压印后留在承印物上的油墨层就越厚；如果凹坑较浅则说明含墨量较少，进行压印后留在承印物上的油墨层就较薄。印版是由对应原稿图文的凹坑和印版表面组成，在进行印刷操作时，凹坑之中填充了油墨，用刮墨装置刮去印版表面的油墨，把一定的压力施加于印版与承印物之间，凹坑中的油墨实现了向承印物的转移，印刷工作得以顺利完成。

（二）凹版印刷的制版方法

以制版方法作为划分标准可以将其分为雕刻凹版和腐蚀凹版两类。

1. 雕刻凹版

以雕刻刀为工具在印版滚筒表面上进行操作，雕刻出与原稿图文相对应的凹坑，在操纵雕刻刀时根据控制方法不同可以划分为三种类型。

(1)手工雕刻凹版

以雕刻刀为工具采取手工雕刻的方法在印版滚筒表面进行操作，以铜板或钢板作为印版的制作材料。这种方法的缺点在于工作量较为繁重，制版成本较高，需要较长的周期。优点在于凹版是通过手工雕刻而成，线条更加清晰生动，层次感强，伪造难度较大，主要用于印刷有价证券和高品质艺术品。

(2)机械雕刻凹版

目前这种方法的应用较为普遍，雕刻刀的控制由机械来完成，在印版滚筒表面雕刻而成，解决了手工雕刻工作量繁重的问题，优点在于支付较低的成本即可快速完成制版操作，主要用于有价证券的凹版印刷。

(3)电子雕刻凹版

这种印版是通过电子控制装置刻印在印版滚筒表面上的。在遵循光电原理的基础上，通过电子雕刻机对雕刻刀进行控制，在滚筒表面雕刻网穴，同时对其面积和深度进行调整。

2.腐蚀凹版

该种方法是以原稿图文为依据把化学腐蚀的方法应用于印版滚筒表面蚀刻油墨凹坑而成的。以不同的图文转换方法为依据可分为蚀刻凹版、照相凹版、网点凹版 。

(1)蚀刻凹版

这种方法是把雕刻和腐蚀两种制版方法结合后而形成的，原稿图文的内容通过手工雕刻而获取，凹版制作是由腐蚀的方法来完成。

(2)照相凹版

这是一种应用较为广泛的凹版，主要用于印刷画版等。

(3)网点凹版

在包装装潢印刷和建材印刷时多采用此方法。

（三）凹版印刷品的特征

凹版印刷与平版印刷、凸版印刷相比，其色调表现力最强。因为凹版印刷版面的印纹部分凹陷于版面下方，所以在印刷过程中需要进行上墨、擦墨，然后印刷。印刷时需要用很大的压力将凹陷的印纹油墨拉出，所以线条的边缘会产生力学上的机械拉力，构成毛毛的边缘，当然也会产生外缘带的现象，这是鉴别凹版印刷品最重要的一点。凹版印刷用墨量大，图文凸出，线条清晰，层次丰富，质量高。

（四）凹版印刷的优缺点

优点：色调丰富，颜色再现力强。印版经久耐用，适合大批量印刷。纸张应用范围广泛，纸张以外的材料也能印刷。

缺点：制版工作较为复杂，制版周期长，费用昂贵，印刷费也贵，不适合印制数量少的印刷品。

（五）凹版印刷的应用范围

凹版印刷的材料范围很广，但通常用于印刷高档纸张和塑料薄膜。一般软性材料都可用作凹版印刷的承印物，如塑料、纸张、铝箔等，特别是对于一些容易拉伸变形的材料，具有很好的适应性，如纺织材料等，这是凸版印刷和平版印刷无法相比的。

**四、丝网印刷**

丝网印刷，即以丝网为版材的印刷方法。具体方法是在印刷版面上制作出两部分，即图文和版膜。版膜的作用是防止油墨通过，而图文部分通过外力的刮压，油墨通过网孔漏向承印物后印刷图文随之形成。丝网印刷主要包括五个要素，分别是丝网印版、刮刀、油墨、印刷台、承印物（图2-23、图2-24）。

图 2-23 丝网印刷织物封面

图 2-24 丝网印版

（一）丝网印刷的基本原理

丝网印版的图文部分设有可以通过油墨的网孔，版膜对油墨具有阻止作用而被应用于非图文部分，以此为原理来完成印刷操作。印刷时在丝网印版的一端将油墨倒入，以刮刀为工具用一定的压力向丝网版上的油墨部分施压，同时向另一端匀速移动，在移动的过程中，油墨在刮刀的作用下通过图文部分的网孔被挤压到承印物上。

（二）丝网印刷的方式

丝网印刷所采取的是版面正纹透过式印刷，在版面上方安装供墨装置，在版面下方位置准备好承印物。根据印刷目的不同可以把版面做成曲面，与承印物表面形状保持一致。如果承印物超出三大印刷版式范围，一般可以利用丝网印刷来达到目的。其加压方式采用“水平压印法”。根据不同的印刷方式可分为以下三种类型：

1.平面丝网印刷

这是一种适用于平面承印物的印刷方法，是利用平面丝网印版来完成操作。在进行印刷活动时需要固定印版和移动墨刀，适用于印刷纸张、标牌、织物等。

2.曲面丝网印刷

这是一种适用于曲面承印物的印刷方法，是利用曲面丝网印版来完成操作。在进行印刷活动时要把墨刀固定起来，印版的移动沿水平方向进行，而承印物和印版的移动则需要同时进行，适用于印刷容器等物品。

3.轮转丝网印刷

这种方法所使用的丝网印版的形状为圆筒形，把固定的刮墨刀安装在圆筒之内，圆筒印版与承印物在进行移动时要同步，并且要保持等线速度。采用这种方法的印刷可以连续进行，具有工作效率高的优点，主要应用于印刷纸张与塑料等易于定位和传输的承印物。

（三）丝网印刷品的特征

因为油墨是透过网状孔而落下，导致印刷品表面有布纹样的现象产生。丝网印刷在进行制版时所采用的材料以绢布为主，所以会有绢布布纹产生。如果使用的是铜网和塑胶网也会有此类现象出现。此外油墨到达承印面是透过网孔实现的，所以油墨非常厚，其厚度肉眼可见。丝网印刷的另一特征是印刷油墨不发亮。

（四）丝网印刷的优缺点

优点：油墨厚重，色彩鲜艳，适用材料和范围广，可用于曲面印刷。

缺点：印刷速度慢，生产能力低，彩色印刷表现不太好，不适合大批量印刷。

（五）丝网印刷的应用范围

按照承印材料的不同可以划分为玻璃印刷、塑料印刷、织物印刷、金属印刷、电子产品印刷、陶瓷印刷、电子广告板丝网印刷、彩票丝网印刷、不锈钢制品丝网印刷、金属广告板丝网印刷、光反射体丝网印刷、漆器丝网印刷、丝网印刷版画、丝网转印电化铝等。

丝网印刷可以印刷的型面较多，包括球面、曲面、平面以及凹凸面等，不仅可以印刷在坚硬的物体上，也可以印刷在较软的承印材料上，任何质地的承印材料都可以。同时丝网印刷既可以直接印刷，也可以根据需要间接印刷，先在明胶或硅胶版上进行丝网印刷，然后转移到承印物上。

丝网印刷适应性很强，适用范围很广。因此有人在评价丝网印刷时说："除了液体和气体之外，任何物体都可以作为承印物。如果你想在地球上找到一种理想的印刷方法来达到印刷目的，那很可能就是丝网印刷了。"

# 第三章　书籍的整体设计

书籍的整体设计，应该从两个层面来理解。从广义上讲，书籍的整体设计必须从书籍的性质和内容开始，而对于书籍的内容和形式的理解是一体的，是基于一个整体的角度；从狭义上理解，书籍设计的各个不同环节应该形成一个统一的整体，并作为整体概念的一部分。书籍设计应考虑到每个方面，甚至是某一个装饰性的符号、页码和序号，因此，所有相关要素都发挥着重要的作用，每个元素在整体结构中的表现力都会大于单体符号的表现力，这样才能形成视觉上的连续性，使读者进入一种以视觉流动性为基础的流畅的阅读状态。

注重书籍的整体性，首先，根据书籍的性质，确定书籍的装帧形式、开本和版式；第二，在书籍各个部分的设计中，注重每一个文字所具有的潜在的表现力，不断强化与文字相关的设计意识；第三，注意页面结构的强弱对比，同时要重视韵律、节奏、条理、秩序和层次感；第四，要重视封面设计，重视书籍封面的功能，因为封面是最先接触读者，对读者产生直观视觉刺激的书籍外衣，它具有保护书籍的作用，同时也兼具传递信息以及促销的作用；第五，要考虑书籍的印刷方式和整体设计的成本核算等。

书籍设计的基本原则是："形式与内容的统一；局部与整体的统一；装饰与新颖的统一；艺术与技术的统一。"

优秀的书籍设计能给人五个方面的美的感受："视觉之美——来自书籍设计外在的视觉吸引力；触觉之美——来自纸张的肌理质感与翻阅的手感；阅读之美——享受来自知识与智慧的美好；听觉之美——来自书籍翻阅的声音；嗅觉之美——来自油墨与纸张的自然气息。"书籍的五感最早是由日本书籍设计家杉浦康平先生提出的，国内书籍设计师吕敬人先生对书籍的五感进行了进一步的阐释和实践。

## 第一节　书籍的结构元素

平装书的结构元素一般包括封面、封底、书脊、前勒口、后勒口、扉页、版权页、目录、正文、书首（上切口）、书口（外切口）、书根（下切口）等，如图3-1所示。

精装书的结构元素一般包括封面、封底、书脊、护封、勒口、腰封、环衬、前扉（简略书名页）、扉页（书名页）、版权页、目录页、篇章页、接缝凹、堵头布、丝带书签、订口、书首（上切口）、书口（外切口）、书根（下切口）等，如图3-2所示。

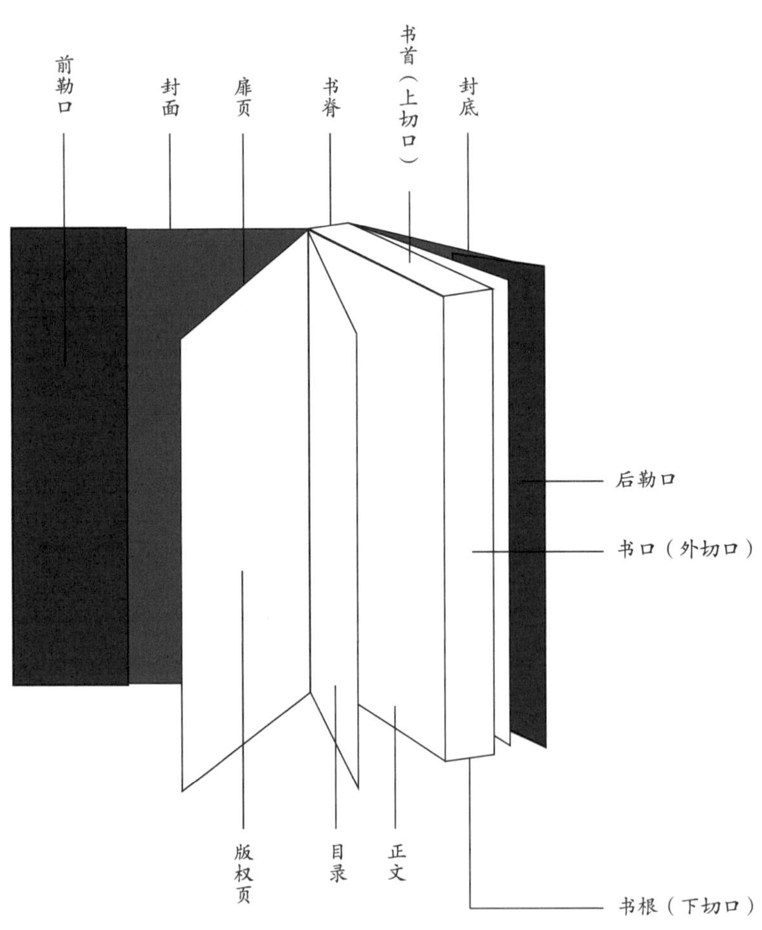


图 3-1　平装书的结构元素

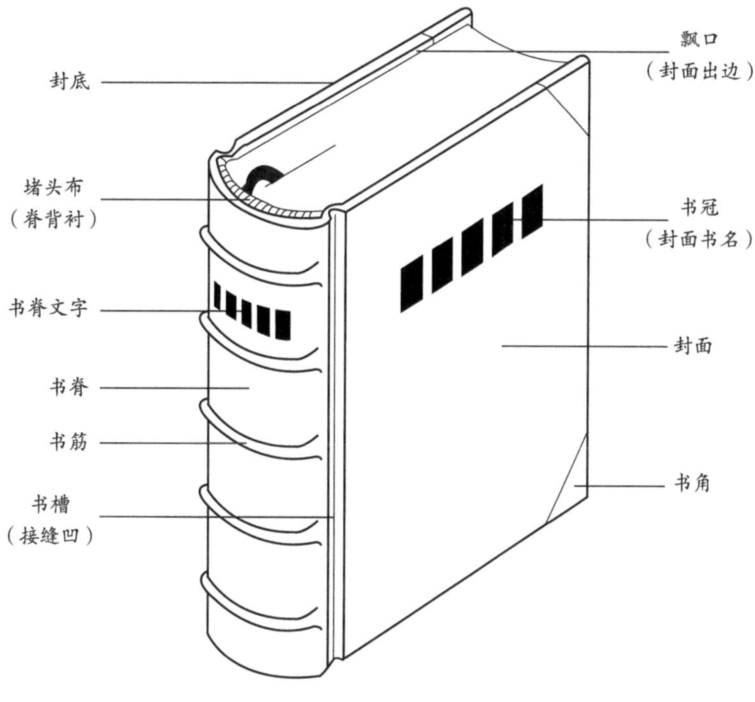


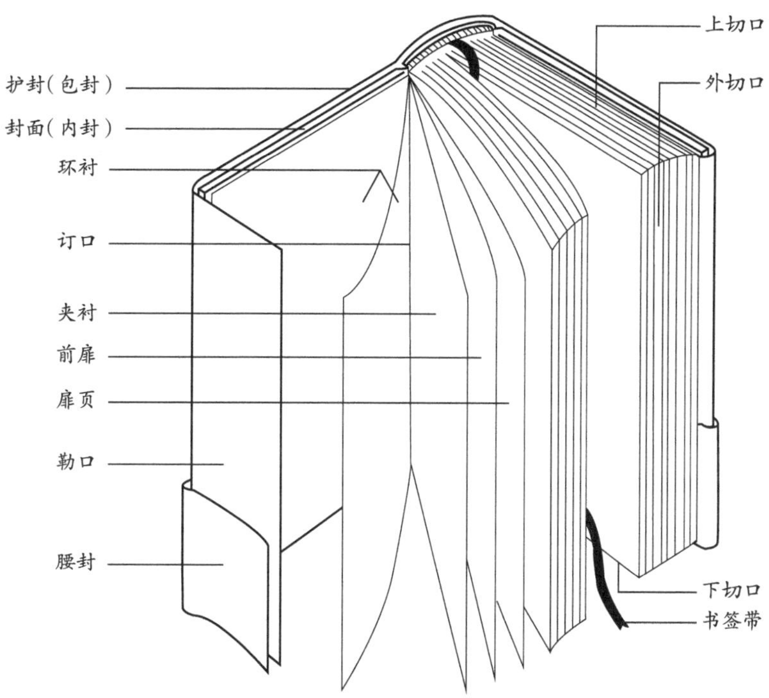


图 3-2 精装书的结构元素

## 第二节　书籍出版印刷常用术语

（一）封面

一本书的表层，起着保护和装饰书籍的作用，又叫封皮、书皮或封一，有软、硬两种，硬封面通常又称作书壳。

（二）封里

位于封一的背面，通常将其称为封二。该面一般没有文字内容，部分杂志会将目录、图片或者广告放于该部分。

（三）封底里

位于封底的里面一页，通常也称为封三。该面同封里一样，一般没有文字内容，部分期刊正文或正文以外的文字、图片印在此处。

（四）封底

它是书籍的最后一页，通常也可以叫做封四或底封。除印有统一的书号、定价和条形码之外，有的也印非正文部分的文字、图片等。有些书籍的封面和封底常连在一起设计。

（五）书脊

是一本书的书芯厚度形成的封面和封底相连接的脊背部分，也称为封脊与书背。一般来说，书名、册次（卷、集、册）和作者或译者姓名以及出版社信息等也会被印在此处。

（六）勒口

指封面封底外切口处向内折回的部分，作用是保护书籍的内芯和书籍的角，使得封面更为整齐平正，此外该处常会印有内容提要、作者简介、丛书介绍等信息，方便读者查阅。

（七）书冠与书脚

书冠是指在封面的上边印有书籍名称文字的那一部分；书脚是指在封面的下边印有出版社单位名称的那一部分。

（八）护封

护封是指套在封面封底外面的另一张封皮，通常又称为包封，也可

以叫做护书纸。上面一般印有书籍名称、作者、出版社、装饰图形、书号和定价等，有保护封面和装饰的作用，常用于精装与软精装书籍。

（九）腰封

是包裹在书籍护封或封面外的一条腰带纸，是护封的一种特殊形式，也叫半护封。

（十）书函

一种传统的书籍护装物，又称函套、书套、书壳、书盒、书帙。

（十一）环衬

环衬是指在封面（或封底）与书籍内芯当中的一张对折连页纸，它的一面附着在书籍内芯上，另一面附着在封面（或封底）背面，订口处粘牢，叫作环衬页，通常也可以叫做蝴蝶页。位于书籍内芯前面的环衬页叫前环衬，而位于书籍内芯后方的环衬页叫后环衬。

（十二）扉页

在封二或前环衬之后，又称里封或副封面。印的文字和封面相似，是封面的延续，起装饰作用。

（十三）书页

包括扉页以及印有正文、图表的所有版面叫书页。

（十四）订口与书口

订口指书页装订部位的一侧，从版边到书脊的空白处，又叫内白边；书口指与订口相对的外面，书籍可以翻阅的空白处，又叫外白边。

（十五）切口

指书页除订口边外的其他三边，分为上切口（书首）、下切口（书根）和外切口（书口）。

（十六）色口

指书的切口处滚上金边或刷上其他颜色，使书口不易染上灰尘产生陈旧之感。切口处没有颜色的称“白口”。

（十七）飘口

精装书封面和封底的上切口、下切口与外切口处，存在大出书籍内心3mm左右的部分，这个大出的部分就叫作飘口。

（十八）直（竖）排本

该书籍翻口在左边、订口在右边；该书籍的文字自上而下阅读，字行从右至左排印。通常来说，古书多用此类排版。

（十九）横排本

横排本是指翻口在右边、订口在左边；该书籍的文字由左至右阅读，字行从上至下排印。

（二十）版权页

通常位于扉页背面，具有版权法律意义，内容有图书在版编目（CIP）数据、书籍名称、作者、出版单位、书号、印刷厂、开本、印张、版次、印数、字数、定价等。

（二十一）插页

插页指版面超出开本范围，上面印有图片或表格等的需要单独印刷并且需要插装在书籍内部的单页；有的时候也可以指版面与开本大小相同，但是纸张或印刷色彩却不同于正文的书页。

（二十二）序言页

指作者或他人用于解释写作该书的意义而附于正文之前的简短文本。有的附在书页最后叫后记、跋、编后语等，其职责都是向读者说明该书的出版目的、写作过程以及强调要点或对参与工作人员表示感谢等。

（二十三）目录页

目录又叫目次，摘录全书各章节标题以方便读者检索的页面，是全书内容的纲领，通常放在正文前。

（二十四）索引页

索引一般来说可以分为学科索引、内容索引、主题索引、学名索引、姓名索引等。索引是与正文分开的文本，通常在正文之后使用较小的字体双栏排列，为方便读者查阅往往标有页码。索引在科技图书中起着关键的作用，它可以将读者快速引导至他们需要的信息所在处。

（二十五）参考文献页

参考文献页通常来说放在正文之后，一般是正文所引用的或者是与正文有关联的文章、书目、文件等并加以注解说明的专页。

（二十六）版面与版心

版面是指印刷成品幅面中，图文和空白部分的总和。版心是指每幅版面上的文、图部分，是指印版或印刷成品幅面中规定的印刷面积。

（二十七）天头与地脚

版心上边的空白部分至上切口称天头；版心下边的空白部分至下切口叫地脚。

（二十八）书眉

为便于检索，排在版心上部的文字和符号，包括书名、篇章、标题、页码、书眉线等。也有放在书口或地脚处的，称侧书眉、下书眉。

（二十九）版口与超版口

版口指版心左右上下的极限。超版口是指超出了左右或上下版口极限的版面。一张图的左右或上下超出了左右或是上下版口的极限，就称为超版口图。

（三十）出血版

版面边缘有图文的，叫出血。为了版面设计的需要，图文部分超出版口外边缘，裁切之后不留白边，称为“出血版”。

（三十一）通栏与分栏

正文文字的行长与版心相等，叫做通栏排式；正文的行长按版心的宽度分成相等或不等的两栏或多栏，称为分栏排式。

（三十二）破栏

破栏又称跨栏。通常报纸杂志大部分是分栏排式，若存在一栏之内排不下的标题或图表需要延伸至另一栏从而占多栏的排法称为破栏。

（三十三）另行、顶格、缩格、齐肩

正文每一段落的开始，通常要缩进两个字，叫做另行起；另行起之后在回转第二行时，要顶版口排，叫做顶格；不顶格的称缩格排，但要注明缩几格；若第一行缩进两字，转行时同样缩进两字，称为齐肩。

（三十四）行距与字距

行与行之间的距离称为行距；字与字之间的距离称为字距，也称字间。

（三十五）占行与居中

为了使标题突出和醒目，标题要占行，指占正文的几行，包括行距。居中指标题占行上下居中、左右居中等。标题字数较多可以转行，行距要大于正文的行距。

（三十六）串文

指标题、图表的旁边排正文。串文的目的是使版面紧凑，节约纸张。一般超过版心二分之一宽的图可不串文排。

（三十七）背题

背题是指在其之后没有正文相跟随的标题，一般排在一页的最末端。在排版印刷的规范当中，背题是被禁止出现的。如果书籍中出现了背题的问题，应当设法避免。一般来说，解决背题最好的方法就是缩行、在本页增加行数或者是留下尾空从而将标题转移到下一页。

（三十八）表注

关于表格的注解和说明，一般排在表格的下方，当然也存在排在表格之内的方式。表注行长一般来说不会超过表的宽度。

（三十九）图注

关于插图的注解和说明，通常排在插图的下方，也有排在图片之内的。图注行长一般不超过图的宽度。

（四十）版式

指书刊正文部分的全部格式。包括开本的大小，排版的形式，版心的尺寸，正文的字距、行距、标题，文字的字体和大小，图表的安排，书眉、页码、书口的样式等。

（四十一）页与页码

书刊的每一张为一页，每页有两个页码。页码是指一本书各个版面的顺序记号，简称为P。

（四十二）像页

像页一般在一本书的开头部分，通常来说是放与书籍内容有关的一张或多张照片，亦或者作者的照片等。

（四十三）暗页码

一般来说是指书中没有标注页码但实际上又占用页码的页面，例如超版口的插图页、空白页等。

（四十四）另面起

另面起是指一篇文章可以从单、双页码开始起排，最后一页没排满，另一篇文章不能接排，必须另起一面。

（四十五）另页起

另页起一般来说是指正文的第一章以单页码开始，倘若还是以单页码结束，那么通常来说第二章就会要求另起一页，需要在第一章的最后留出一个双码的空白页，也就是说需要放置一个空的页码。

（四十六）开本

开本就是指一本书的大小，即书的尺寸或面积。

（四十七）印张

印张指计算出版物篇幅的单位，一个印张等于一张对开纸。

（四十八）字数

字数指以版面为单位，计算版面的字数，即每行字数 × 行数 × 面。

（四十九）版次

指用来区别一本书在内容上与前一版有过增删修改。如第一次出版的书，经过修改重新出版叫第二版；如果未经修改而重印的，则叫第一版第二次印刷。

（五十）印数

指一本书所印的累计数。

（五十一）书号

书号即ISBN，最直观的就是印在书籍封底的条形码上边那一串数字，是由国家新闻出版管理部门分配给各个出版社的，由图书分类号、出版社代号、出版社出版该类图书的顺序编号三个部分组成。

（五十二）原稿

指作为排版依据的文字稿或图稿。

（五十三）正稿

指适应各种不同制版要求的图稿。

（五十四）校样

校样指用打样机打印出来供与原稿核对的印样。

（五十五）校次

校次指校对的次数。一本书一般需要校对三四次，送出版社校对的第一次称为初校，以后的校样称为二校、三校、四校。

（五十六）付梓

古时印书先用梓木刻成印版然后印刷，故称刻印书籍为“付梓”。现在发稿付印亦称付梓。

# 第三节　书籍的设计要素

书籍设计最好的展现方式就是充分表达书稿的内容。书籍设计的目的就是通过设计的独特语言和形式规则，以视觉的形式最好地呈现书籍的主题思想和核心内容。

设计师在充分了解书籍内容的基础上，灵活利用现代书籍的形态与特征，将书籍形式的可视性、可读性与认可度不断提高，捕捉信息的单纯化以及感官刺激传达，经过文字、图形、色彩的编辑排版来传达书籍各个部分的有效信息，处理好整体与部分的关系，用理性思维和感性思维方式构建一个完善的书籍系统工程（图3-3 ~图3-5）。

图 3-3 《我的蝴蝶博物馆》黄嘉橙设计　指导老师：郭芹

图 3-4 《印记》 师欢欢设计

图 3-5 《印记》 陈照国设计

好的书籍设计可以准确传达书中的思想。要想设计好一本书，不仅需要掌握书籍设计最基本的技法表达和印刷加工工艺知识，更重要的是需要具备综合的文化素养，用艺术的方式给予书籍以诗意的表现。

## 一、封面设计

封面代表着一本书的外在形象。封面设计一般是指书籍外面的整个书皮，即前封、后封、书脊，有时包括勒口（图3-6）。

封面通常具有平装和精装的区别。平装书的封面具有保护书籍、传递信息与促进销售的作用。而精装书一般又分为是否加装了护封，如果加装了护封，那么封面的作用就是保护书籍，因为护封承担了传递信息与促进销售的功能；而没有加装护封的精装书，封面的功能与平装书基本一致（图3-7、图3-8）。

图 3-6 封面

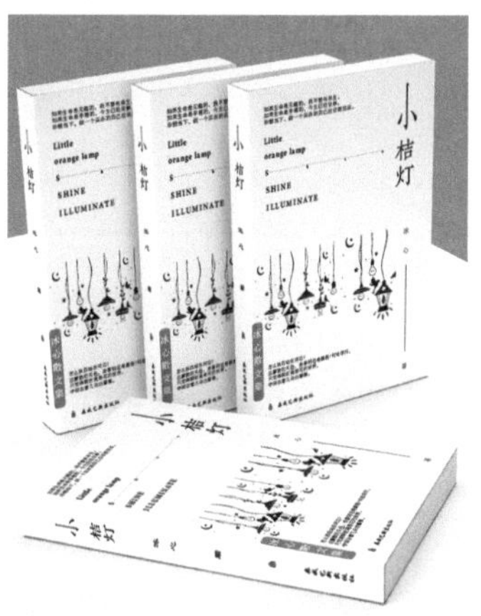


图 3-7 平装封面 戴继堂设计

图 3-8 精装封面 于靖设计

（一）前封

前封是指封一，大部分平装书的前封上印着书名、作者与译者姓名、出版社等，也存在少量书籍前封上没有作者姓名、出版社名称。书名通常放在前封的主要位置，而作者与译者姓名、出版社名称通常放在次要位置，字号较小。如图3-9、图3-10所示。

（二）后封

后封是指封底，通常放置条形码、书籍的价格、相关图形、出版者

图 3-9 前封（一）

图 3-10 前封（二）

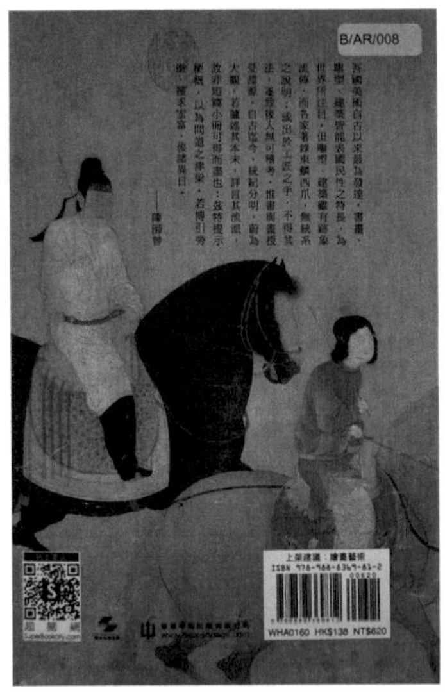

图 3-11 后封（一）

图 3-12 后封（二）

的标志、系列丛书书名、内容简介、作者简介等如图3-11、图3-12，其功能是进一步宣传图书形象，方便读者购买。通常后封的设计应尽可能精简，但需要和前封以及书脊的图形、文字、色彩与编排布局相统一；有些后封是前封创意的延伸，在设计上应相互连贯、互相映衬。

（三）书脊

书脊也就是书的脊背，它连接着书的前封和后封。书名一般放在书脊上方，出版社放在书脊下方，著作者姓名一般放在中间，字号较小。假若是丛书还要印上丛书名称，如果是多卷还要印上卷次。书脊的厚度要经过精确计算，只有这样才能确定书脊上所印字体的大小，才能设计出适宜的书脊。此外，设计时还要注意书脊上下部分的文字与上下切口的距离。书脊是封面的延续，要看成一个整体进行设计。书脊设计要注重小空间显示大创意，即书脊需要体现出封面的设计灵感和创意，小空间凝聚注意力。书脊是一个独立的狭长空间与展销面，其创意图形必须新颖，具有空间划分的审美形式（图3-13 ~图3-18）。

图 3-13 《国学备览》
吕敬人 张朋设计

图 3-14 《不哭》 朱赢椿设计

图 3-15 书脊（一）

图 3-16 书脊（二）

图 3-17 书脊（三）

图 3-18 书脊（四）

（四）勒口

相对考究的平装书，通常会在前封与后封的外切口处增加一定尺寸的封面纸向内翻折，其中前封的翻口处叫作前勒口，而后封的翻口处则叫作后勒口。勒口可以作为书籍传达信息的补充，前勒口可以放书籍内容介绍、作者简介和照片，后勒口可以放编辑、设计师等信息，如图3-19所示。勒口宽度视书籍内容需要和纸张规格条件而定，一般尺寸5~8cm，也有整页的，如图3-20所示。勒口的文字与封面设计要有一定的逻辑感，图形与色彩延伸至勒口的必须考虑图形和形式的美感。

图 3-19 勒口（一） 司海波设计

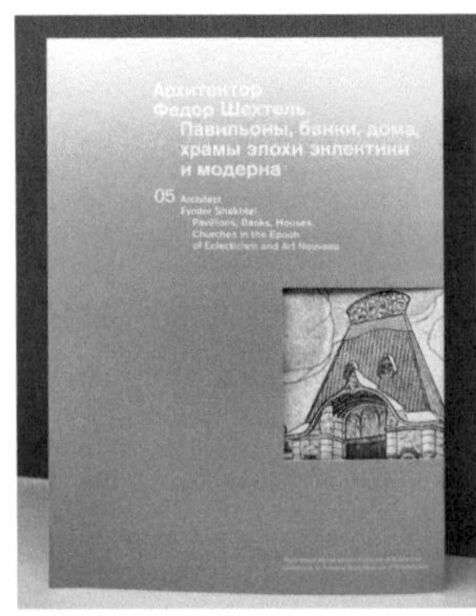

图 3-20 勒口（二）

（五）封面的文字、图形、色彩与构图

1.文字

封面文字除书名外，一般均选用印刷字体（出版机构一般有专用字体和标志）。常用于书名的字体分为三大类：印刷体、美术体和书法体（图3-21 ~图3-23）。

2.图形

图形要直观、明确、视觉冲击力强，易与读者产生共鸣，包括插图、图案和摄影等，有抽象的、写实的、写意的等（图3-24 ~图3-26）。

图 3-21 封面文字（一）

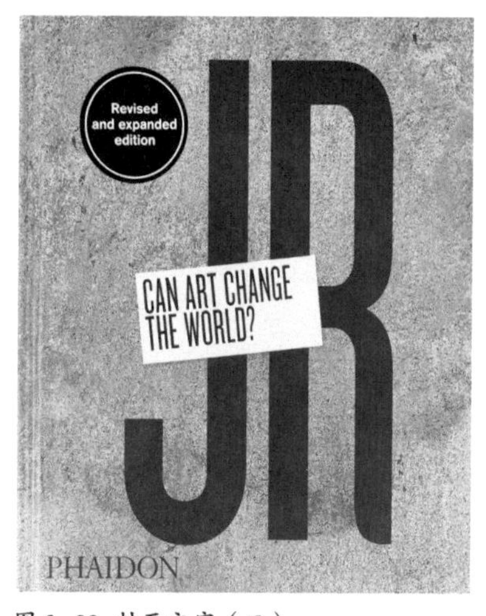


图 3-22 封面文字（二）

图 3-23 封面文字（三）

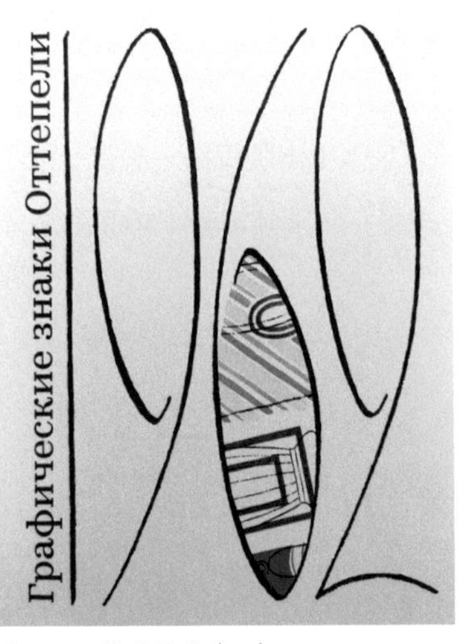

图 3-24 封面图形（一）

图 3-25 封面图形（二）

图 3-26 封面图形（三）

3.色彩

色彩是最容易打动读者的设计语言。尽管不同的人对色彩的感知存在差异，但是每个人对色彩的感官认识是相通的。封面的色彩设计应与书籍的内容相统一，除了协调之外，还要注意色彩的对比关系（图3-27 ~图3-29）。

4.构图

构图的形式通常存在以下类型，垂直、水平、倾斜、三角形、叠合、向心、放射、曲线、交叉、散点、底纹等（图3-30 ~图3-36）。

图 3-27 封面色彩（一）

图 3-28 封面色彩（二）

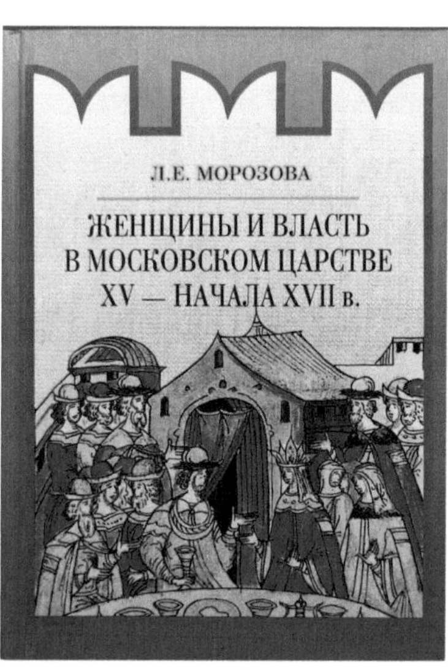


图 3-29 封面色彩（三）

图 3-30 封面构图（一）

图 3-31 封面构图（二）

图 3-32 封面构图（三）

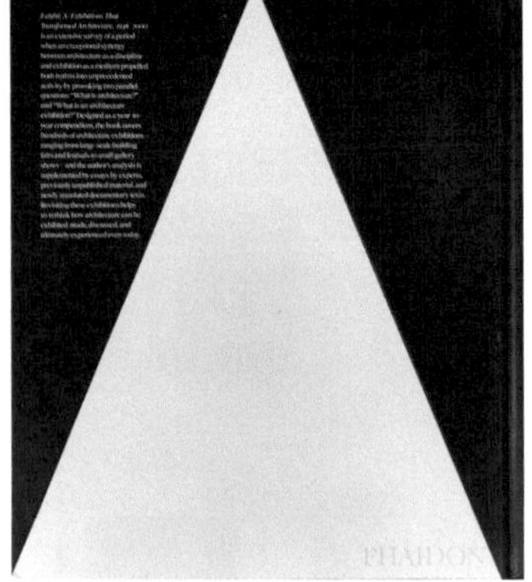

图 3-33 封面构图（四）

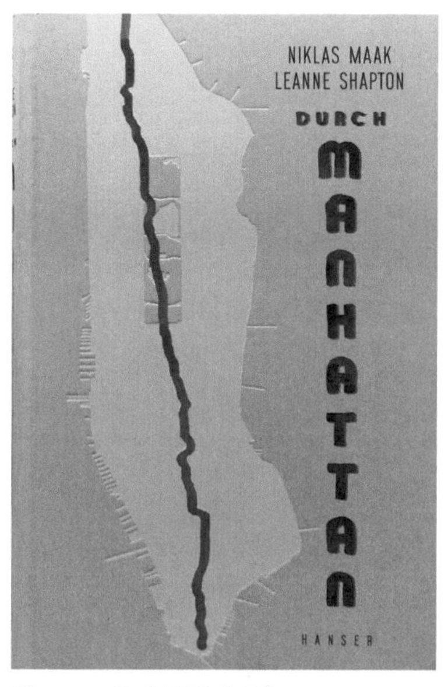


图 3-34 封面构图（五）

图 3-35 封面构图（六）

图 3-36 封面构图（七）

## 二、护封

护封是精装书的外皮，包括前封、后封、书脊和勒口四大部分，内容与封面差不多，除了具有保护封面的作用之外，更重要的就是传达书籍信息，同时也起到装饰和宣传促销的作用。护封的高度与书籍的高度相同，长度通常包括前封、书脊和后封，以及5~10cm的勒口，有的护封的勒口会折至靠近装订的位置。护封的前、后勒口应当沿前、后内封的外切口折叠进去，所以护封封面上的整版插图或色块需要向勒口方向多预留一部分，应当把封面的厚度计算进去（图3-37、图3-38）。

图 3-37 护封（一）

图 3-38 护封（二）

## 三、腰封

腰封包裹在书籍封面的腰部，一般用牢度较强的纸张制作，主要作用是装饰封面或补充封面表现的不足。其宽度通常是该书籍高度的三分之一，也有的会更大一些；其长度不仅需要达到能够包裹住书籍的前封、书脊与封底，并且包括两边各存在的一个勒口。通常关于该书的宣传与推广性的文字都可以印在腰封上，如图3-39～图3-41所示。

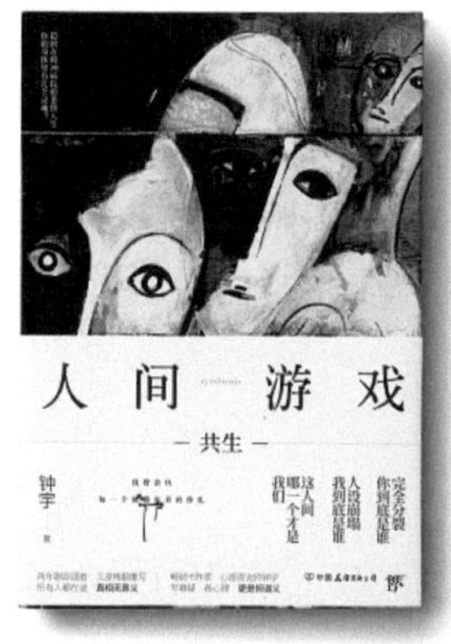

图 3-39 《人间游戏》 苏艾设计

图 3-40 《学而不厌》 曲闵民、蒋茜设计

图 3-41 《王尔德喜剧》 苏艾设计

## 四、环衬页

环衬页在封面和书芯之间起过渡作用，一般采用白色或淡雅的有色纸，尽管环衬页上并没有文字内容之类的信息，却依然属于书籍整体设计的一部分。环衬页的色彩明暗对比、构图的复杂或简洁，应当与护封、封面、扉页与正文等的设计风格相匹配，并且需要具有节奏感。环

衬的设计应注重整体的秩序美与无言的虚灵美（图3-42 ~图3-44）。

平常的书籍，前环衬与后环衬的设计是一样的，即画面和色彩都相同，但是由于内容的需要，有时前后环衬的设计也不尽相同，并且有的书籍还设计有夹衬，如图3-45 ~图3-49所示。

平装书中将单环与扉页用同类纸张连在一起印刷，称环扉。

图 3-42 环衬页（一）

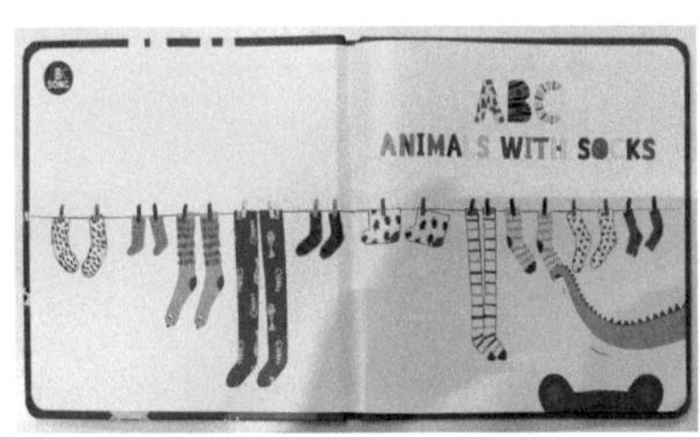


图 3-43 环衬页（二）

图 3-44 环衬页（三）

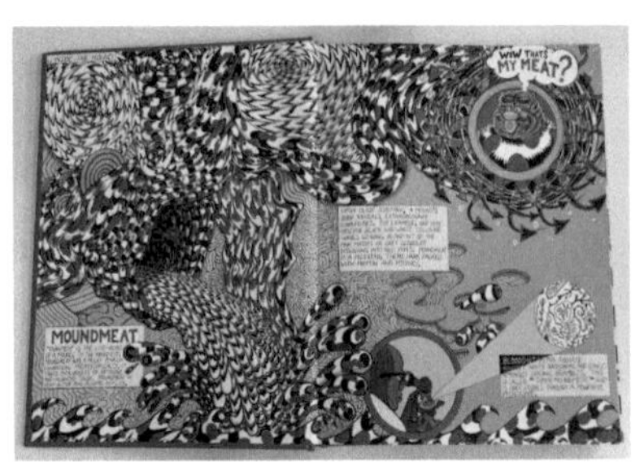


图 3-45 前环衬

图 3-46 夹衬

图 3-47 后环衬

图 3-48 环衬页 于靖设计

图 3-49 夹衬 于靖设计

## 五、扉页

扉页也是从封面到正文的过渡，文字内容与封面存在相似之处。扉页的设计风格应当与封面相匹配，但又要有所区别，且不宜繁琐，在设计扉页的时候应当考虑扉页与封面和书籍内文版式的前后关系，并且要求必须简洁大方，韵律节奏和谐。扉背可作版权页；也可以是白页，称背白。有的书籍还设计有前扉（图3-50 ~图3-53）。

图 3-50 前扉

图 3-51 扉页

图 3-52 前扉 于靖设计

图 3-53 扉页 于靖设计

## 六、装订形式设计

现代书籍装订形式多样，可分为中式和西式两大类。中式以线装为主，如图3-54、图3-55所示。除了少数仿古书籍之外，绝大多数现代书籍都是采用西式装订。通常西式装订分为精装与简装两大类，精装又分为硬精装与软精装。

现代书籍装订包括硬壳精装、硬壳铁环精装、内置铁环精装、蝴蝶装、精装三孔装、精装两孔装、锁线裸背装、锁线胶装、无线胶装、折页装、子母钉装、骑马钉、铁丝平订、铁圈装、夹条装等。

现代许多书籍装订形式设计都在传统的基础上进行了创新，有些书籍的装订形式并不局限于中式还是西式，有时甚至采用中西结合的形式。如图3-56 ~图3-61所示。

图 3-54 《忆江南》 王秀新设计

图 3-55 《小红人的故事》 全子设计

图 3-56 《桃花坞新年画六十年》 潘焰荣设计

图 3-57 《民间文化生态调查》 王承利、李燕设计

图 3-58 《皮影》 李俊峰设计

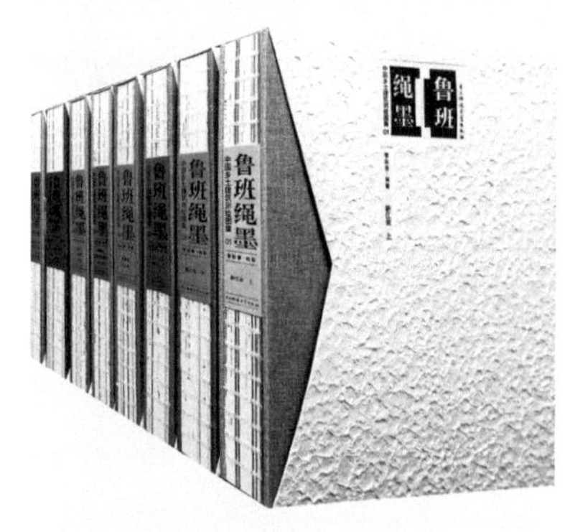


图 3-59 《鲁班绳墨》

图 3-60 线装 伊芙琳·卡斯考夫设计

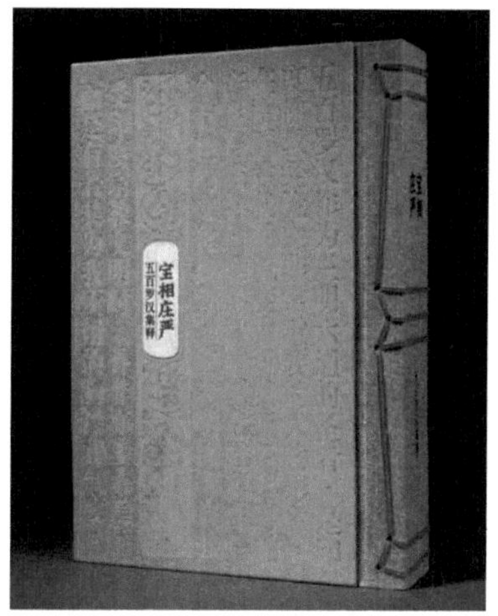


图 3-61《宝相庄严》袁银昌设计

## 七、切口设计

切口是指书籍除订口外的其余三面切光的部位，分为上切口、下切口、外切口。如何进行书籍的切口设计呢？

（一）利用切口组成画面

切口作为书籍六面体形态的三个面，同样也是文字、图形与色彩的载体。因此在进行书籍整体设计时，应当考虑到书籍切口的形态表达，把文字、图形、色彩等元素符号由版面导向切口，作为图形色彩的延续，能充分体现信息符号在书籍设计中的渗透力与传递作用，增加书籍的趣味性（图3-62、图3-63）。

（二）材料的表达

书页在翻动时会带给人们触觉上的感受，如光滑与粗糙、整齐与毛涩、硬挺与松散等，不同的质感可以体现不同的韵味。因此出现了一些不切纸边的毛边书，或者效仿古代包背装与线装书单面印刷，每两页切口处相连并有意使切口不再整齐划一的书籍（图3-64 ~图3-66）。

图 3-62 切口
Misuo Katsui 设计

图 3-63 《众相设计》 伊玛·布设计

图 3-64 《说戏》 曲闵民、蒋茜设计

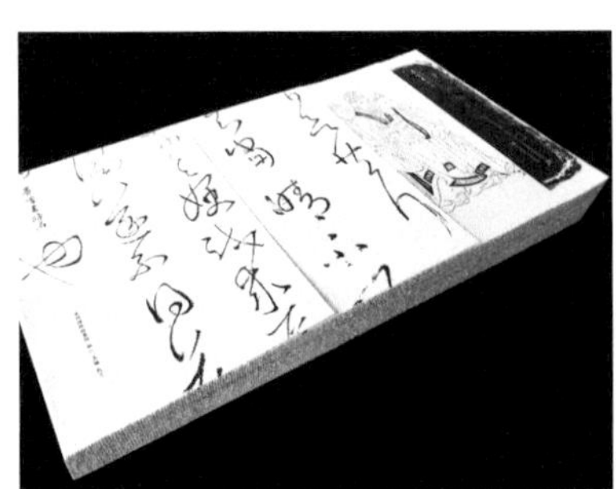

图 3-65 切口 俩小布设计

图 3-66 切口 谭璜设计

### （三）改变切口的形态

切口的形态随着书籍整体形态的变化而变化，书籍装订、裁切、折叠形式的变化都将引起切口形态的变化。现代有些书籍的切口已经不再局限于特定的形态，可以是规则的，也可以是不规则的，可以在一个平面上，也可以不在一个平面上。如图3-67、图3-68所示。

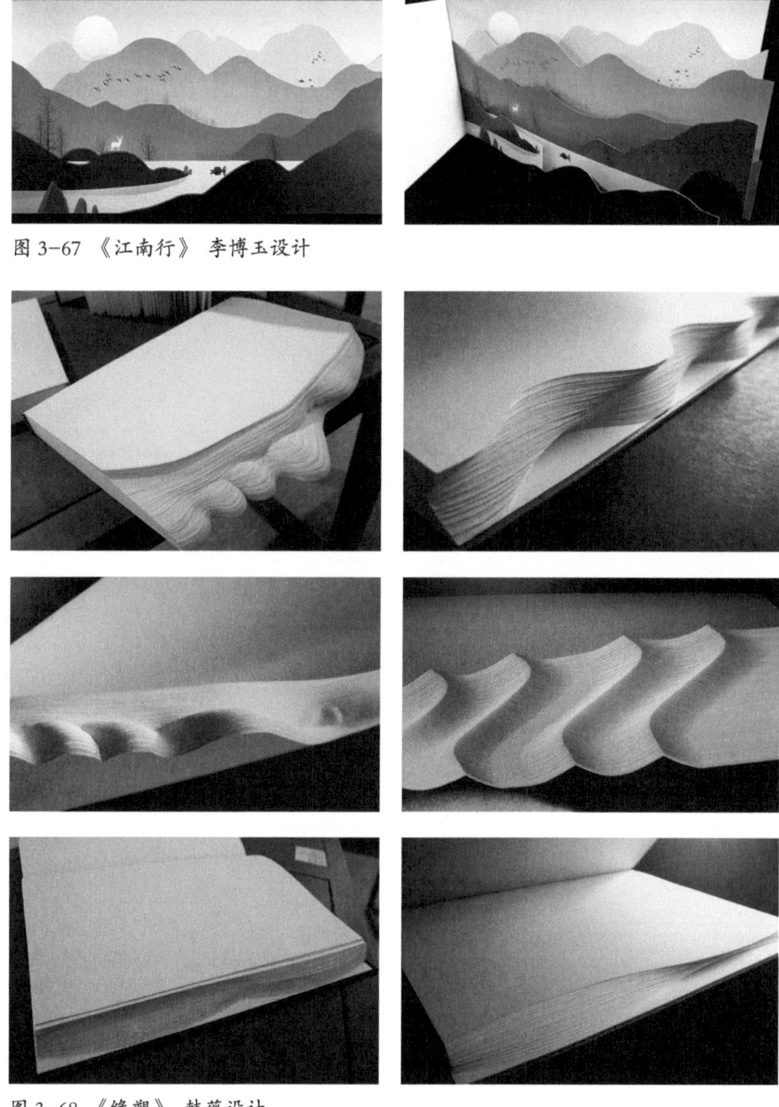

图 3-67 《江南行》 李博玉设计

图 3-68 《缘塑》 韩薇设计

切口设计需要专业的装订和印刷技术来支持，具有一定的难度。只要对书籍设计有意识地关注，不断尝试与探索，相信一定能设计出别具一格的切口表现形态来。

## 八、书函设计

书函的功能是保护书籍，好的书函不仅可以增加书籍的欣赏价值，还可以提高书籍的收藏价值。因此书函的设计不仅要注重材料的表达，还应注意结构是否合理，与内容是否协调，在形式与形态上可采用多种印后加工工艺来表现（图3-69 ~图3-71）。

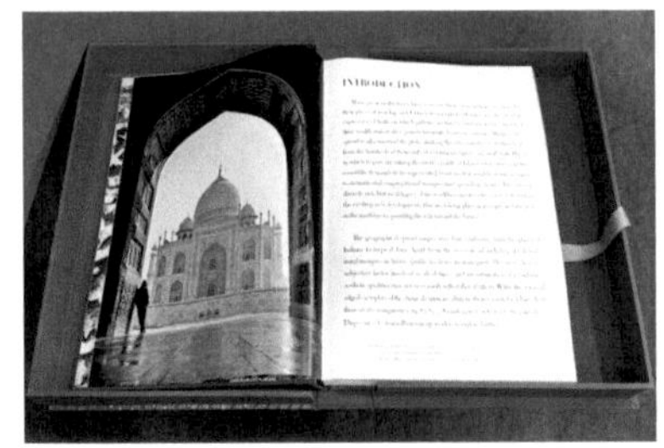

图 3-69 书函

图 3-70 书函 徐蓉设计

图 3-71 《西西研究资料》 中华书局（香港）有限公司出版

## 九、正文设计

正文是书籍的灵魂，是书籍设计的基础。书籍设计中的重要元素，如具有保护书籍与传递信息作用的封面和护封，以及正文前面的扉页，扉页前面的环衬页等，都必须与正文和整本书的设计风格相一致。

正文设计也称版式设计、版面编辑，它通过一个个的版面与读者交流沟通。版面设计的目的，是根据形式美的范式法则，将文字、图形、表格、页眉、页脚等视觉元素，营造成一个合理的阅读空间。

版式设计的内容包括版面的大小，排版形式是横式还是竖式，文字水平还是垂直，分栏还是通栏，标题、文本和批注文字的字体大小，每行的字数、字间距以及行间距，版口、版心的尺寸，图表的大小，书眉和页码的样式等。

### （一）版式设计的概念

版式设计是一种视觉传达设计方法，根据书籍内容的需要，通过特定的审美原则，结合平面设计的具体特点，利用各种不同的视觉元素与构成要素，组合排列不同的视觉形象，如文字和图形等。

版面设计不仅仅是设计艺术的重要组成部分，而且还是视觉传达的重要手段。版面设计的目的是将视觉元素如文字与图形等在版面上进行有机排列组合，形成整体的秩序、节奏与韵律，创造视觉感染力与冲击力，表现个性化的理念与思维，创造引人入胜的构图艺术效果，最终通过优秀的版面布局达到出色的版面设计。这就要求设计者从内容上分析设计对象的主次关系，运用自己的智慧、情感和想象力，基于视觉美感与内容的逻辑关系，将各种文字与图形统一起来，形成具有独特视觉魅力的作品。版面设计的范围包括平面设计领域的报纸、杂志、海报、画册、书籍、样本、宣传单、包装、网页和界面等。

书籍版式设计是指在给定的尺寸、结构层次上对书稿的文字、插图、表格等进行艺术化、科学化的加工处理，不仅使书籍内部各个组成部分既能与书籍的封面、装帧形式等外部形态相协调，还可以为读者的阅读提供便利，增加视觉享受，所以说版式设计属于书籍设计的核心部分。

书籍的版式设计有两种形式，一种是有版心设计，一种是无版心设计。版心也叫版口，是指一本书打开后，两个对页面上包含图文信息的区域。有版心设计是指围绕版心的白边、页眉页码、文字插图等元素都受到版心的限制，如图3-72、图3-73所示。无版心设计又叫满版设计，没有固定白边，文字和插图不受版心制约，在布局上可以进行自由设计，如图3-74、图3-75所示。

（二）版式设计的风格

1. 古典版式设计

古典版式设计是一种左右页面对称的形式，以装订边为轴，版面

图 3-72 有版心设计（一） 孙鑫瑶

图 3-73 有版心设计（二） 孙鑫瑶

图 3-74 无版心设计（一） 王美英

图 3-75 无版心设计（二） 王萍

结构布局有严格的限定，间距与行距具有统一的标准，版心四周留有一定的空白，其中上面的叫作上白边，下面的叫作下白边，切口附近的叫作外白边，装订部位的叫作内白边，依次又称为天头、地脚、书口和订口，根据一定的比例关系而形成一个具有保护性的框子，文字与图片的黑白关系都有严格的对应规则，是书籍千百年来形成的一种固定格式，时至今日仍占主要地位，如图3-76所示。

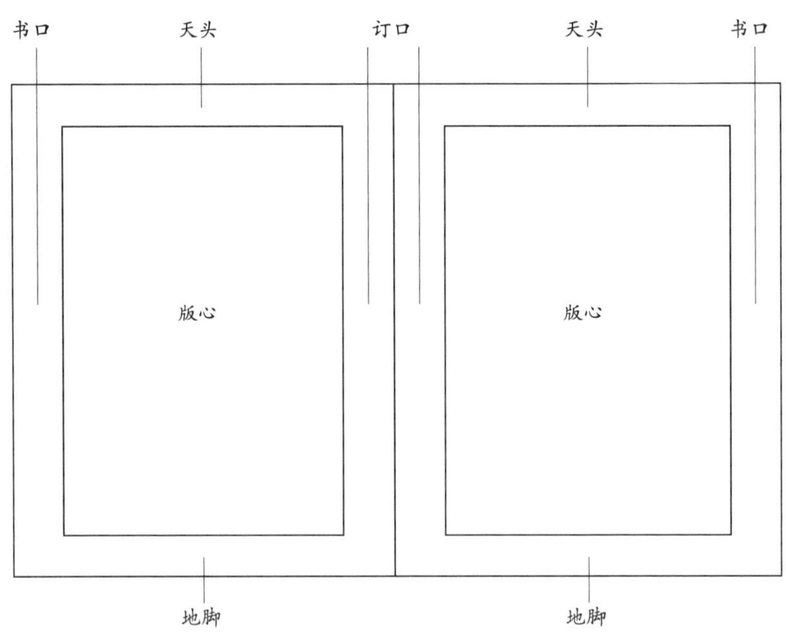


图 3-76 古典版式设计

2. 网格版式设计

网格设计20世纪50年代在瑞士发展完善。在版式设计中，以网格作为设计的基础，将字体、照片、插图等以非对称的方式排列在标准化的网格框架中，强调设计的统一性和功能性。布局呈现简单的垂直和水平结构，字体多为简单明了的无饰线体，具有简洁准确的视觉特征。它的风格特点是利用数学比例经过严谨的计算，将版面分成无数个大小统一的网格，也就是将版面的高度与宽度分成一栏、两栏、三栏甚至更多栏，通过此种方式定义出一定的标准尺寸，并利用这种标准尺寸控制文字与图片的排列，使版式达到有节奏的组合与优美的韵律关系，没有印刷的部分自然而然成为印刷部分的背景。其设计规则一直到今天仍然被广泛使用（图3-77、图3-78）。

3. 自由版式设计

自由版式设计源于意大利的未来主义运动，于20世纪70年代形成于美国。未来主义的平面作品大多来自未来主义的艺术家或诗人，他们的创作主张作品的语言应不受约束地自由组合，版式的内容和形式要自由安排，强调韵律节奏和视觉效果。自由版式的发展得益于科技成果的突破，激光照排的问世以及电脑制版技术的普及，为自由版式的发展提

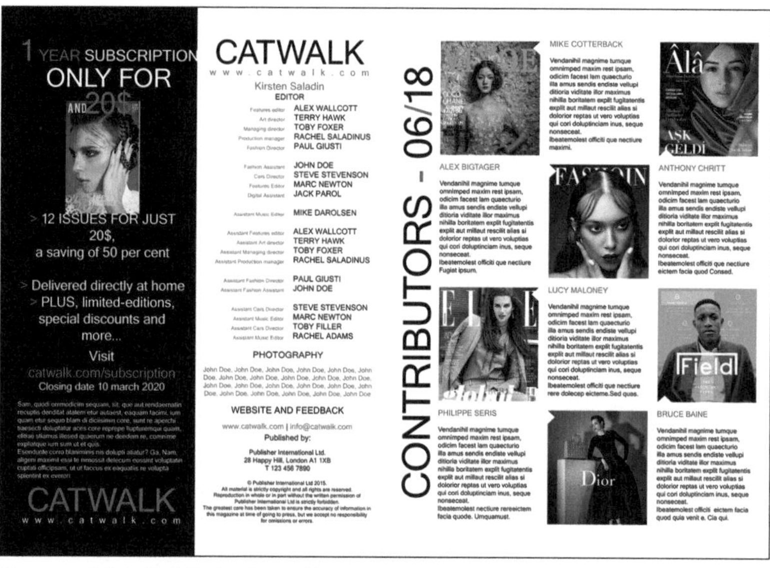


图 3-77 网格版式设计（一） 王萍

图 3-78 网格版式设计（二） 王萍

供了更广阔的空间。页面设计可以完全摆脱版式框架的制约，超越了传统版面设计的布局，页面的印刷部分与未印刷部分被看作同等重要，使其成为一个生动且富有表现力的页面。当下，自由版式设计重点应用于一些特殊的出版物，是一种比较有前途的设计方法。

自由版式设计同样必须遵守设计原则，同时还能形成绘画般的效果，可以在不顾及可读性的状况下，根据版面需要将一些文字融入画面，同时还不削弱主题，关键的是需要根据不同的书籍内容赋予它一个合适的外观（图3-79、图3-80）。

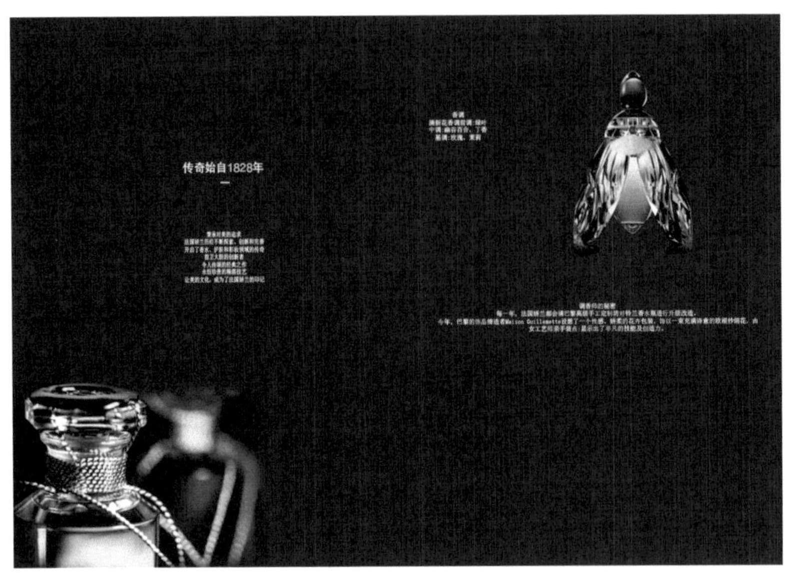


图 3-79 自由版式设计（一） 孙鑫瑶

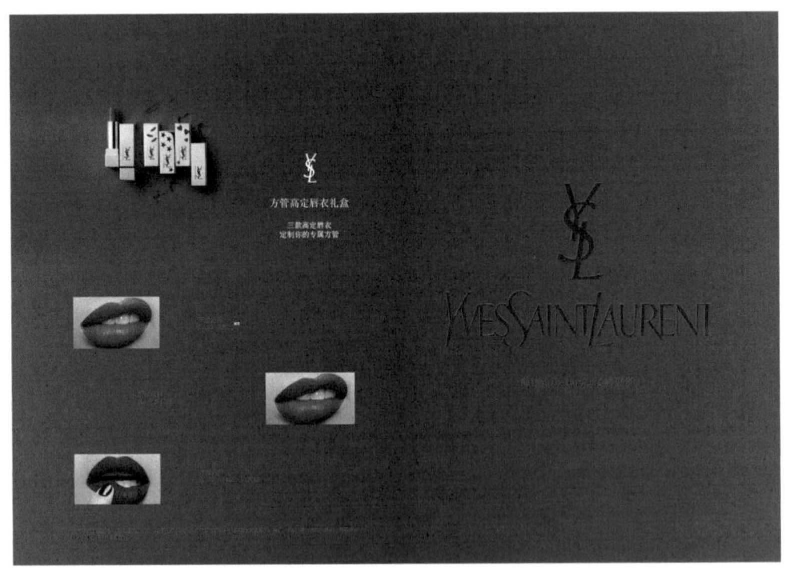


图 3-80 自由版式设计（二） 孙鑫瑶

（三）书籍版式设计的基本流程

1. 版面

版面设计要从书籍的性质出发，确定合适的开本，选择有版心还是无版心设计，再去寻求高和宽、版心与边框、文字与图片、天头地脚等的比例关系。

有版心设计，通常中国传统的直排文字书籍，版心在版面上的位置偏向于书籍的下方，上白边大于下白边，因为这样方便在天头加注眉批。大多数现代书籍都是横排文字，其特点是上白边小于下白边，因为下白边小时，版心有种下坠的感觉。

2.排式

排式通常是指正文字序和行序的排列方式。中国传统的书籍编排方式大多采用直排文字，也就是字序从上至下，行序从右至左，书页向右翻。现代书籍绝大部分采用横排文字，字序从左至右，行序从上至下，书页向左翻；字行长度一般也有限制，不宜超过80~105mm，更加适合眼睛的生理结构，便于阅读，不易疲劳；如果表格或插图比较宽时，需要宽的版心，最好是双栏或多栏排列。

3.字体和字号

书籍的版面与排式确定之后，有关字体和字号的大小也需要进行确定。当前电脑中可以安装很多字体，包括但不限于宋体、黑体、楷体、等线、仿宋、隶书、圆体、综艺、倩体等等。没必要一本书限定为一种字体，但原则上以一种字体为主，其他字体为辅。如果字体过多会让读者感觉视野非常杂乱，不利于视线集中，所以同一页面上最好两到三种字体。

页面上字号的大小直接影响版心的字数容量，如果一本书字数不变，字号大小和页数成正比。一般书籍排版，9~11pt的字最适合成年人连续阅读，8pt的字容易使眼睛疲劳，按照正常阅读距离，12pt或更大的字号在一定视域下能够见到的文字又较少。由于阅读9pt以下的文字会对眼睛造成伤害，因此在排印长文稿时应尽量避免使用小字号。

儿童读物应使用36pt的文字，并且随着小学生年龄的增长，课本字号会逐渐从16pt变为14pt或12pt。由于老年人视力下降，也应该使用较大的字号以保护他们的眼睛。

4.字距和行距

字距是指一行文本中字符之间的间距，行距是指两行文本之间的间距。大部分书籍中，字距一般是正文文字宽度的五分之一，行距至少是正文文字高度的一半。在一本书中，通常行间距应该大于字间距。

5.确定版面率

版面率是指文本内容在版面中所占的比例。如果版面中的文本内容较多，则版面率高；如果版面中文字内容较少，那么版面率低。版面率在一定程度上反映了设计对象的价格定位。在实际设计过程中，设计师需要仔细考虑设计对象内容、版面大小、设计风格与成本等诸多因素，最终决定稿件的版面率。

6.文字和插图

书籍版面设计应当取决于所选择的开本，每个版面所分配的文字和插图的比例也应该作为一个整体来考虑。粗略估算原稿文字的数量，包括标点符号和段落空格，并且还应当考虑到一级标题、二级标题及正文在每个页面上的空间量，若是版面上有插图，还需要为插图留出空间。确定插图在布局中的比例位置，调整好页面上文字与图片的节奏关系，注意版面的可读性和易读性。

7.定稿

将设计稿提交客户审核，与客户进行多次沟通，对设计稿进行改进，再经客户审核后用电脑修改完善，打印后请客户签字确认。

（四）书籍版式设计中的其他因素

书籍版式设计中，除了确定版面率、字体字号和字距行距外，还需要考虑到正文设计中的其他因素。

1.重点标志

在文本中，可以通过各种不同的方式突出一个名词、一个人名或地名、一个句子或一段文字，以凝聚读者的注意力。在外文中斜体是突出重点的最美观和最有效的方法；在中文中常用不同于原文的字体或加黑加粗等来突出重点。

2.段落区分

在书籍正文中，缩进是一种普遍用来划分段落的方法，即每段的第一行通常留下占两个字位置的空白，也就是所谓的“缩进两格”。但对于分栏排版的书籍而言，由于每行的字数较少，因此段落开头往往只留下“一格”。区分段落是为了提高阅读的便利性，其方式并不拘泥于“缩进”一种，也有一些利用首字下沉、放大、变形、改变颜色等来区分。

3.文字排版注意事项

在文字排版中也要注意一些禁止的规定，例如句号、逗号、顿号等标点符号不能排在行首，引号、上括号等不能排在行末，年份、数字前的正负号、化学分子式以及单音节的外文单词等不能拆开排在上下两行等。

4.页眉

亦称书眉或者页标题，是在书籍天头设计的比正文文字略小的书名或章节名。在页眉的下面有时会加上一条细长的直线，即书眉线。页眉部分的文字内容通常位于书眉线的中间或两侧，页码一般排在页眉文字同一行的外侧。页眉通常位于版心上方，但也有的放在书口处或地脚。

5.页码

页码的作用是统计一本书的页数，从而避免整本书的顺序错乱，方便读者使用目录查阅作品内容。

在大多数图书中，页码被放置在版心下面靠近书口处，且与版心相距为一个正文字体的高度。页码可以位于版心的正下方，也可以位于上方，或进行偏移，如外侧以及内侧的订口附近。此外在带有页眉的书籍中，页码也可以与页眉排列组合在一起。

在一些书页中，原本为页码提供的空间被插图占据，页码虽不被标注，但在实际上占据相应的页码数，即为所谓的“暗码”。另外还有一些书籍，在扉页与序页等页面不标注页码，正文从3、5、7等页码数开始标注，扉页与序页虽然没有标注页码，但在书中实际占用了相应的页码，这种没有被标注的页码称为“空页码”。

页码的字体大小可能与正文相同，也可能比正文大或者小，在一些书籍中，页码可能用一个色块或图案进行装饰，但要与整个版面设计相匹配，不能太夸张，避免喧宾夺主。

6.标题

标题的结构可以是复杂的，也可以是简单的。通常文学作品的标题比较简单，往往只有章节，而学术作品相对复杂，往往分部、分篇，篇下面再以章、节、小节等小标题来划分。改变标题字体及其大小是确保标题的层次在页面上得到正确体现的一种常用方法，此外版式空间布局、装饰图形繁简，颜色变化等都是应该考虑的因素。在对重要章节标题进行设计时，可以考虑将其放在该章节起始页面上并占据整个页面加以强调，形成篇章页。标题通常位于版心的1/3至1/6以上的位置，为了达到特殊效果，有些标题还会处于版心的下半部分。但将标题放在版心底部的情况是需要规避的，特别是在单页码上，要特别注意不能使标题脱离正文。副标题放在主标题下面，一般采用另一种字体，且字号小于主标题。文章标题所占位置的大小要视具体情况而定，通常另页起排的重要标题约占版心的四分之一，接排的标题应根据其重要性占四五行至一二行不等，然后再接排正文。标题下的首行文字应与其相邻页面的同一行文字水平对齐。如果在横排图书中，标题的宽度超过了页面的四分之三，那么标题中超过该宽度的文字应该转到下一行；但在骑马订书籍中，标题的宽度只有在超过了页面五分之四的情况下，其余的文字才应该转到下一行。同时应注意标题的两行文字尽可能地不等宽。

7.注文

注文是对正文中的名词、句子、段落等的注释。根据注文所处的位置，可以分为夹注、脚注、后注以及边注。

(1)夹注

夹注位于正文的中部并紧随被注释的文本。使用夹注的前提是注文字数或被注解的正文字数不多。使用夹注时，往往在正文后加上括号或破折号以便于说明，并采用与原文相同的字体且字号一致。

(2)脚注

脚注是指同一页的注文被集中放置在页面文本下方，按照顺序分条排列。脚注是一种比较合理的注释方法，因其与正文位于同一页面，从而保持了页面的完整性，并且保证了读者查阅的便利性。

(3)后注

后注是指位于文本末尾的尾注，包括段后注、篇后注、页后注以及书后注，按照顺序分条排列。书后注集中位于书籍所有正文的后页，页后注位于正文页面的末尾。

(4)边注

边注是在版心内的一种注文，必要时用细线或空行将其与正文区分开来。边注是从图画书中图片的注释形式发展而来，通常用于为图画书的图片编号以及为学术书籍的专业名称等作简短的注释。一般而言，其字体与正文不同，且字号小于正文，行距也相对缩小。

8.插图

插图能够使文本的书面描述转变成生动的视觉形象，从而使书籍的内容更加完善，不仅能够提高读者的阅读兴趣，还能够帮助读者更好地理解文本内容。插图的表现手法多样，包括木刻版画、铜版画、石版画和手绘插图等。书籍的体裁和内容决定了插图的设计风格，两者相辅相成。按照书籍的体裁，插图大致可分为文艺性插图和科技性插图。

(1)文艺性插图

文艺性插图可生动描绘从书籍中选取的具有代表性的人物和情景，此类插图不仅能够增强文字与图画相结合的艺术效果，提高读者的阅读兴趣，还可以增强作品的感染力，给读者留下更深刻的印象。

(2)科技性插图

此类插图往往被用于科技读物等书籍中，补充文字难以表达的部分，帮助读者更好地理解书籍的内容。在表现手法上应力求科学、精确、有说服力。

(3)插图的配置

插图作为书籍装帧至关重要的一部分，其形式必须与页面布局中的文字内容相结合，形成和谐统一的效果。插图可以与正文放在同一页面上，称为文间插图；或与正文对页，称为单页插图；或者放在正文的后面，称为集合插图。在双页上，插图与文本的结合方式多种多样，包括整页、半页、通栏、跨页、出血等。一般情况下，插图的大小由版心的大小决定，整页插图的大小与之等同；而半页插图的宽度与版心相同，高度不定。如果插图的宽度大于版心的宽度，可采取将插图横向放置的方法，同时需要注意插图放置时必须全书方向相同。通常情况下，单页码上的插图图脚向切口，双页码插图的图脚向订口。如果插图的大小超过了版心的三分之一，往往使用通栏居中的方法；如果出现不得不跨页的情况，拼接位置应尽可能保证插图的完整性；此外还存在一种特殊情况，即出血版，插图出血部分一般预留3mm。插图使用边注时，边注与插图的距离往往大于3mm。最后，在进行插图编排时不能忽视顺序的重要性。

（五）书籍版式设计的类型

1. 文字群体编排

文字群体的布局要以正文为基础。一般情况下正文比较简单，从而导致其主体地位不够突出。在设计时往往通过书眉或标题来吸引读者的注意，再利用文本或小标题引导读者阅读正文。文字群体编排的类型主要包括左右对齐、中间对齐、行首对齐、行尾对齐。左右对齐是指将文本从左端到右端的距离固定，从而保证文本两端整齐美观。中间对齐是指以每行文字的中心点为对齐处，使得页面文字排版出现对称的美感。行首对齐是指对齐并固定文本行首，行尾基于其性质特点或单个字的情况向下排列。行尾对齐是指对齐并固定文本行尾，再根据字头安排文本的起始处，编排方式大胆、生动、奇特。

2.图文配合的版式

图文配合编排的方式多种多样，但重要的是要注意图片必须与文字相辅相成，构成和谐统一的整体（图3-81）。

图 3-81 图文配合的版式 孙鑫瑶设计

3.以图为主的版式

以图为主，顾名思义是一种插图在版面中的占比大于文字的编排方式。这类版式往往被运用于儿童读物、画册、画报和摄影集中。这一类型的书籍往往版面率不高，为了协调版面，在进行编排设计时，必须强调骨骼设计，采用多种布局，如在插图旁添加文本，以协调平衡感；又如调整色调，使书籍中的图片色彩既和谐又多元，给予读者最好的视觉体验，同时重视节奏感与韵律感（图3-82）。

4.以文字为主的版式

以文字为主，是一种文字在版面中的占比大于图片的编排方式。由

图 3-82 以图为主的版式 孙鑫瑶设计

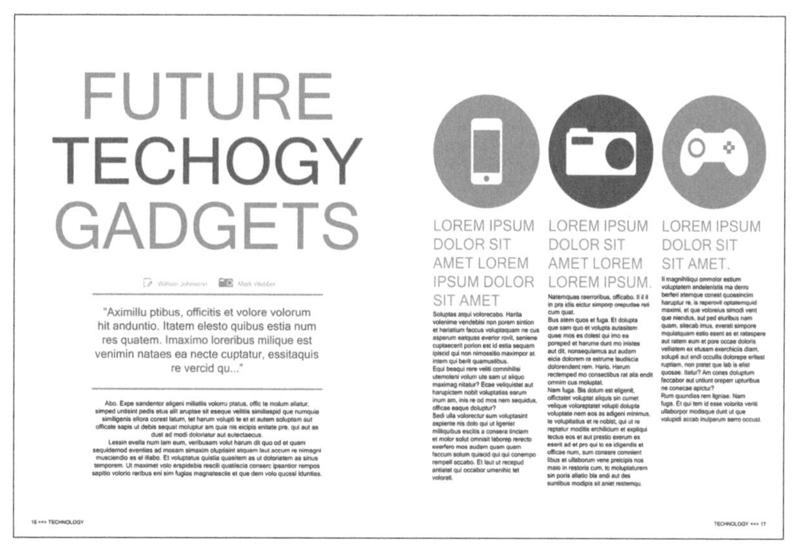


图 3-83 以文字为主的版式 王萍设计

于主体是文字，因此图片的放置要以文本的内容为前提，骨骼设计基本以通栏和双栏为主，文本与图片的编排比较灵活（图3-83）。

5. 图文并重的版式

图文并重，是一种文字和图片在版面中占比均衡的编排方式，这类版式往往被运用于经济、文艺以及科技类书籍中。在该版式设计中，文字的编排基于图书的性质以及图片的尺寸大小，并且构图常采用均衡对称的形式（图3-84）。

图 3-84 图文并重的版式 孙鑫瑶设计

在版面设计中，文字、图形与色彩三者相辅相成，缺一不可。虽然不同的书籍对版式设计风格的要求也不一样，但无论设计何种书籍，都应该重视三者的相互协调与统一。

## 十、套书、丛书设计

套书是一套书的简称。通常套书至少在题材或者内容上具有一定的内在关联性。套书一般以精装为主，具有一定的收藏价值。

丛书也称丛刻、丛刊、汇刻书，是把各种单独的著作汇集起来，并冠以总名的一套书，其形式可以分为综合性与专门性的两种。它通常是为了特定的目的用途，或者是为了特定的读者对象，或是围绕某个主题内容而编写的。

无论套书还是丛书，一般有相同的版式、书型等，在设计时要考虑装帧设计、材料、形式的统一性，要遵循系列设计的规律与原则。

# 第四章　书籍的开本与纸张

书籍设计的首要任务就是确定开本。开本是指一本书的大小，即书的尺寸或面积。只有确定了开本的尺寸大小，才能进行版式设计、装订方式、封面设计等整体构思。纸张是书籍设计最主要的承载物，不仅关系着书籍的开本和尺寸的大小，作为书籍设计的一种语言，也是书籍设计的重要表现形式。

## 第一节　书籍的开本

开本，是用以表示书刊幅面大小的名称。开本的大小取决于纸张的尺寸规格，通常纸张都要按照国家制定的规格标准来生产。

### 一、纸张的规格与开数

常用纸张有大度和正度两种规格:

大度纸全张的尺寸为889mm×1194mm;

正度纸全张的尺寸为787mm×1092mm;

另有特规纸。

将全张纸对折为对开，对开纸再对折为四开，以此类推便有八开、十六开、三十二开、六十四开……

同样，把全张纸平分为三张为三开，三开再平分为六开，以此类推便有十二开、二十四开、四十八开、九十六开……

纸张开切方法有以下三种。

1. 几何级数开切法

每一次裁切的幅面均为上一次幅面的二分之一，即对开式开切法，是一种合理的、规范的裁切方法，以2为几何级数，纸张利用率高，可以使用机器折页，便于印刷和装订。

2. 直线开切法

按照纸张的纵向、横向直线裁切，虽然不符合几何级数，但也不浪费纸张，开切的页数双数与单数都有，不能全部用机器折页。

3. 纵横混合开切法

不能沿纸张的纵向与横向直线裁切，切出的纸页纵向横向都有，容易剩下纸边，造成浪费，不利于技术操作和印刷质量。

**纸张常用开法一览**（单位均为mm，黑色块是裁掉的纸边）

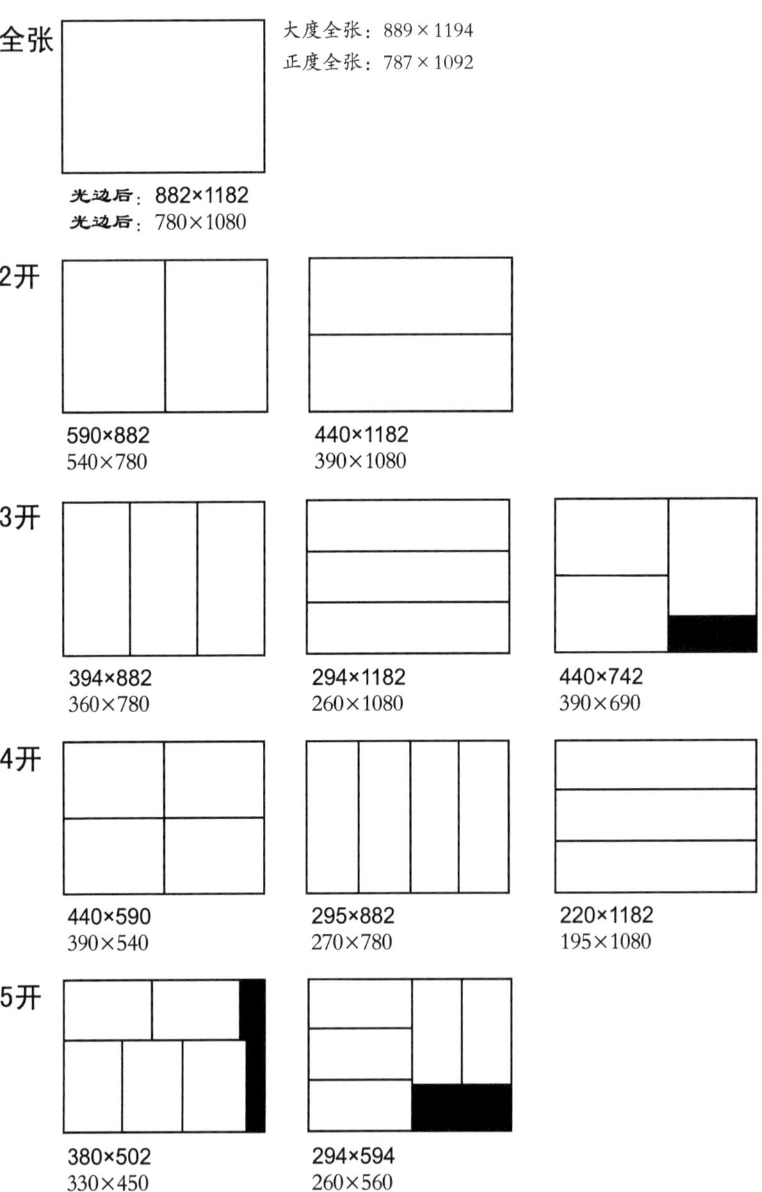

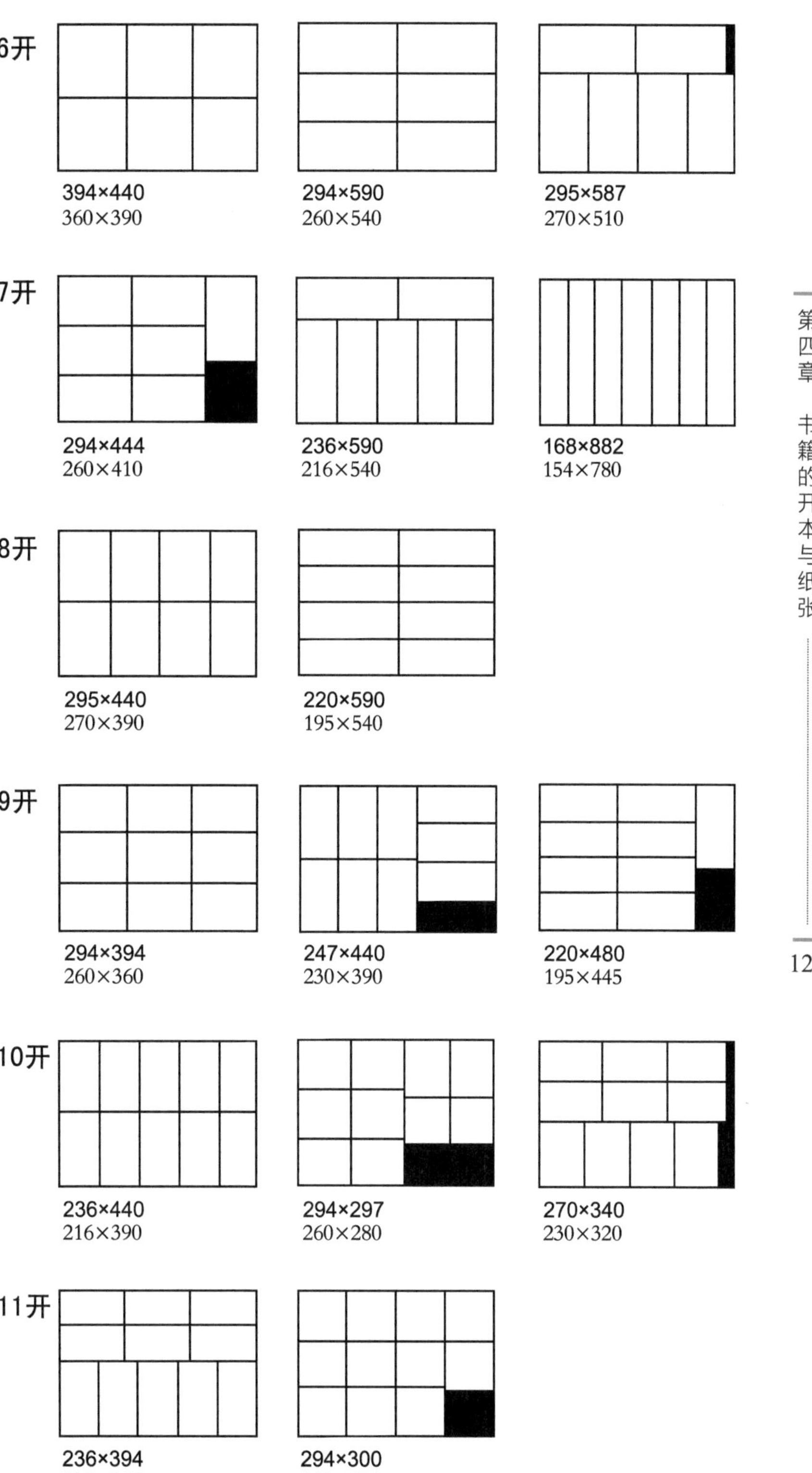
6开
394×440
360×390
294×590
260×540
295×587
270×510
7开
294×444
260×410
236×590
216×540
168×882
154×780
8开
295×440
270×390
220×590
195×540
9开
294×394
260×360
247×440
230×390
220×480
195×445
10开
236×440
216×390
294×297
260×280
270×340
230×320
11开
236×394
210×360
294×300
260×272

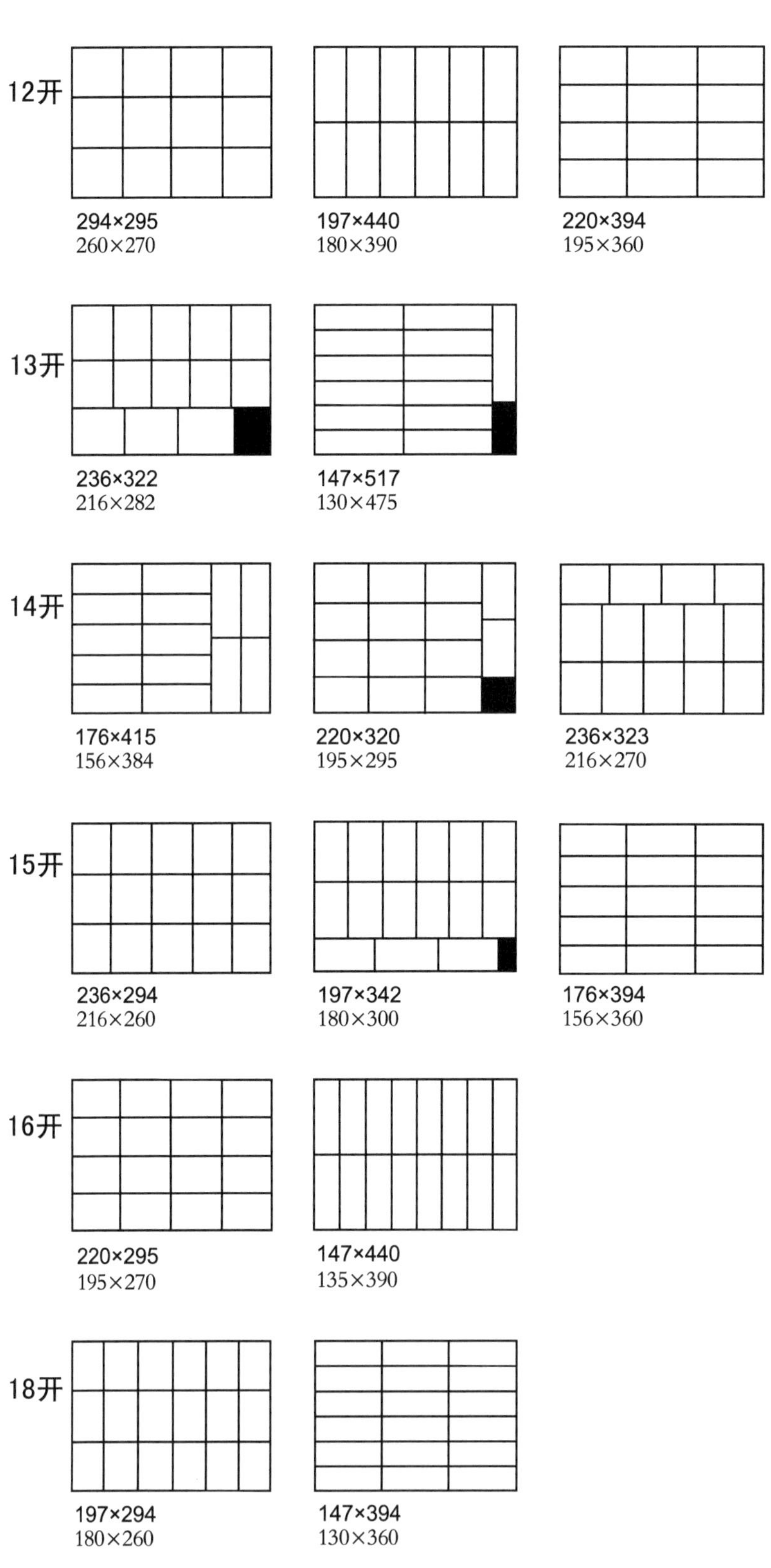
12开
294×295
260×270
197×440
180×390
220×394
195×360
13开
236×322
216×282
147×517
130×475
14开
176×415
156×384
220×320
195×295
236×323
216×270
15开
236×294
216×260
197×342
180×300
176×394
156×360
16开
220×295
195×270
147×440
135×390
18开
197×294
180×260
147×394
130×360

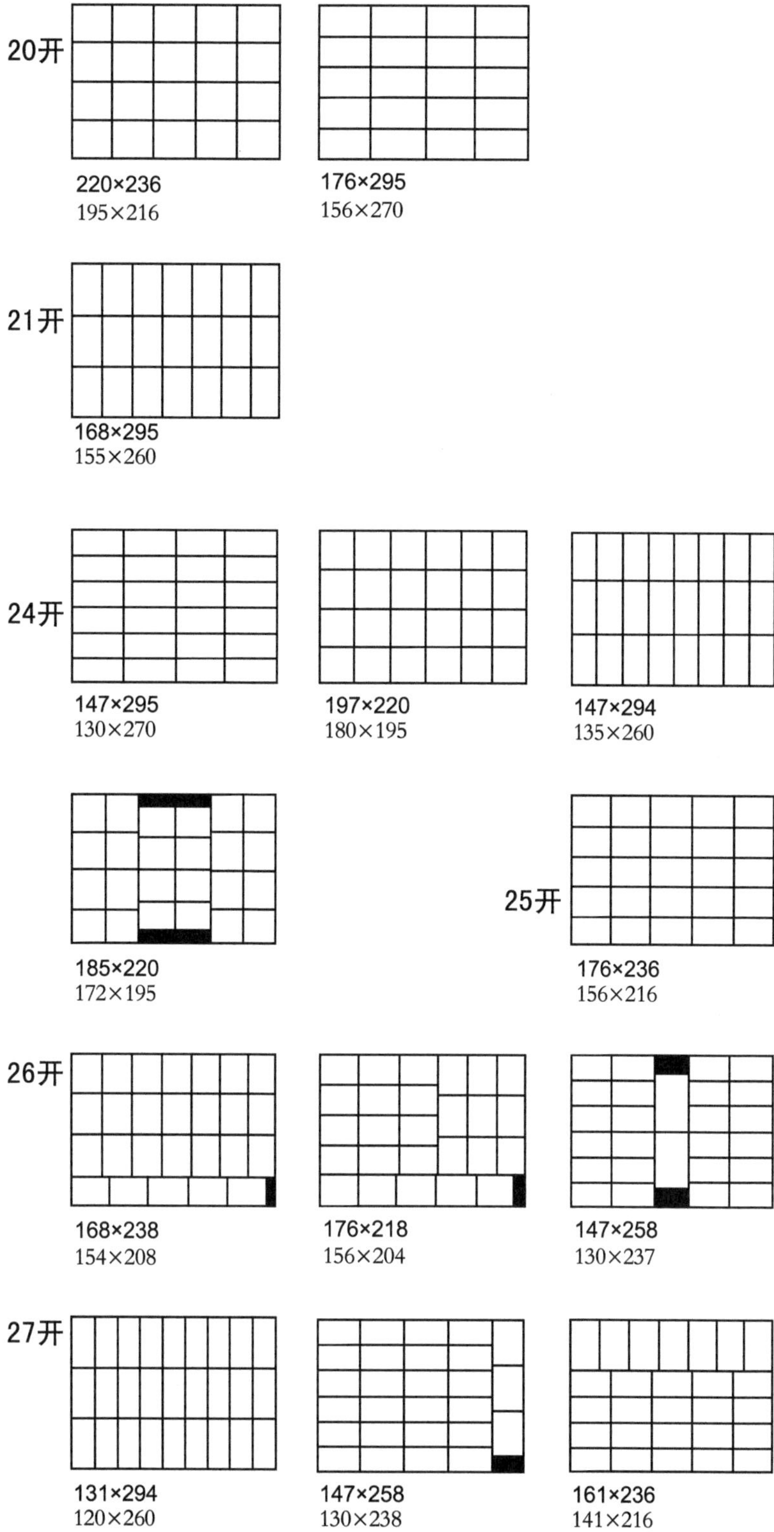
20开
220×236
195×216
176×295
156×270
21开
168×295
155×260
24开
147×295
130×270
197×220
180×195
147×294
135×260
185×220
172×195
25开
176×236
156×216
26开
168×238
154×208
176×218
156×204
147×258
130×237
27开
131×294
120×260
147×258
130×238
161×236
141×216

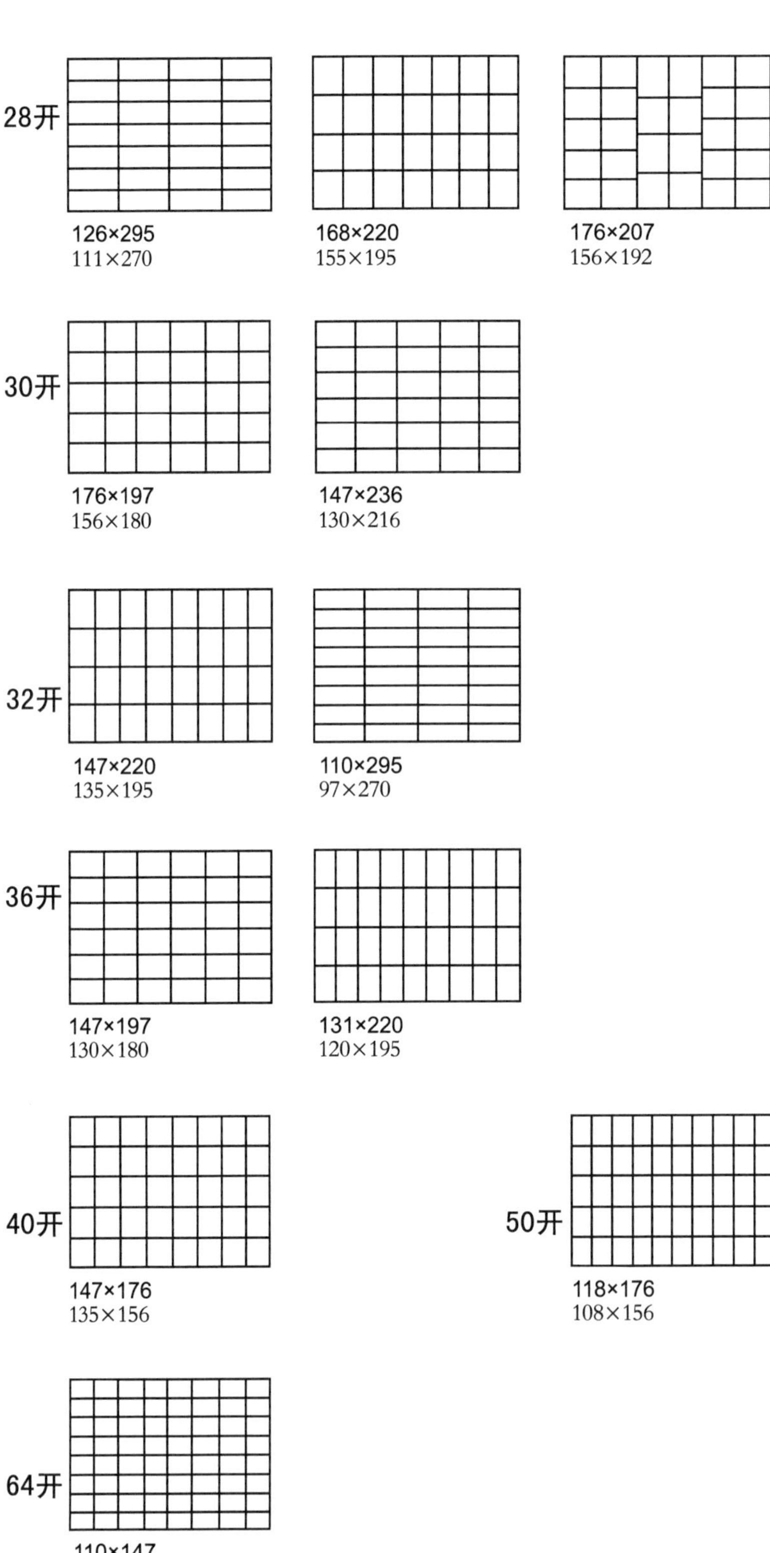
28开
126×295
111×270
168×220
155×195
176×207
156×192
30开
176×197
156×180
147×236
130×216
32开
147×220
135×195
110×295
97×270
36开
147×197
130×180
131×220
120×195
40开
147×176
135×156
50开
118×176
108×156
64开
110×147
97×135

通常纸张在变成印刷品之前的第一道工序就是切毛坯。切毛坯的意思是将纸边不齐或不工整起毛的毛边切去，以求整齐划一，然后再开纸。所以平时我们认为的常用全张大度纸尺寸为889mm×1194mm，正度787mm×1092mm只是一个概念性的尺寸，实际上要小一点。不过通常对成品尺寸影响不大，但我们要知道有这个因素的存在。

**印刷常用纸张尺寸开度表**

| 单位（mm） | 大度 | 正度 |
| --- | --- | --- |
| 全开 | 882×1182 | 780×1080 |
| 2开（对开） | 590×882 | 540×780 |
| 3开 | 394×882 | 360×780 |
| 4开 | 440×590 | 390×540 |
| 6开 | 394×440 | 360×390 |
| 8开 | 295×440 | 270×390 |
| 16开 | 220×295 | 195×270 |
| 24开 | 197×220 | 180×195 |
| 32开 | 147×220 | 135×195 |
| 36开 | 147×197 | 130×180 |
| 64开 | 110×147 | 97×135 |

**印刷常用成品尺寸开度表**

| 单位（mm） | 大度 | 正度 |
| --- | --- | --- |
| 全开 | 840×1140 | 740×1080 |
| 2开（对开） | 570×840 | 540×740 |
| 3开 | 384×863 | 358×760 |
| 4开 | 420×570 | 370×540 |
| 6开 | 374×420 | 340×370 |
| 8开 | 285×420 | 260×370 |
| 16开 | 210×285 | 185×260 |
| 24开 | 180×205 | 170×180 |
| 32开 | 140×210 | 130×180 |
| 36开 | 130×180 | 115×170 |
| 64开 | 100×140 | 85×125 |

书籍成品的尺寸都略小于纸张开切的尺寸。因为书籍在装订时要经过裁切和光边的处理，才能保证整齐和美观。

例如889mm×1194mm的全开纸，开切成16开的开纸尺寸是220mm×295mm，但除去印刷时不可避免的损耗和装订成册时裁切的毛边，实际成书的尺寸为210mm×285mm。

印刷的开本一般都会在版权页中有所标示，如“开本889×1194，1/16”，“889mm×1194mm”表示大度全开纸的尺寸，“1/16”表示开切数，也就是印刷的开本是大度16开。

目前市场上有多种规格尺寸的全开纸，如889mm×1194mm、787mm×1092mm、880mm×1230mm、850mm×1168mm等，开出的开本尺寸也有所差异，成书后的尺寸自然也不相同。889mm×1194mm和787mm×1092mm两种规格的纸最为常用。

印张也会在版权页中有所标示。印张是计算出版物篇幅长度的单位，一个印张即一个对开，也就是全张纸幅面的一半并两面印刷。

页是书籍正文的计算单位，一页有两个页码，包括正、反两面。

印张与页码可以相互换算。不同的开本，换算方法也不一样。如以32开为例，一个印张有32个页码，每面印有16个版面，称为32开的16页。即一个印张含有16页，那么一页就等于1/16印张，系数为0.0625个印张，1/4印张为0.25，按此类推；16开本书刊是8页，即印张含有8页，一页等于1/8印张，系数0.125；照此方法，64开的折算系数是0.03125。

在一本书的印刷中，页数还包括扉页、前言、目录等，凡纳入正文一次印刷的部分，都要计入印张之中。

色令，是胶版彩印中最基础的计量单位。一令纸就是全张500张，印刷一次为一色令，印刷两次为两色令，以此类推。平版印刷通常采用“对开”规格为计量标准，一色令相当于印1000张纸，又称“对开色令”或“对开千印”。

纸令是纸张的计量单位，印刷用纸以500全张为一令，一全张为两印张。所以一令就叫做1000印张。

## 二、开本的选择

从印刷的产生到现在，开本的选择已经形成了一定的规律和格式。一些学术理论类和经典著作类常用32开、大32开；科技类图书和教材，其容量较大，文字图表较多，适合16开、大16开；诗集、小说、休闲类读物，常用32开、36开，或是狭长的小开本；儿童画册、青少年读物有的以图为主，有的图文并茂，可以选用接近正方形或扁方形的大一些的开本；画集多用大型开本，有6开、8开、12开、大16开等；我们也常会看到一些接近正方形的开本，如12开、24开等，适合不同图片和文字的版式编排；学生版中国古典名著系列丛书是专门为青少年学生设计的，由于学生本身的课本就比较多，所以采用了64开本，较小的开本设计使得学生方便携带，减轻了负重。

鉴于书籍类型和性质的差异，所采用的开本也不一样。不同的开本具有不同的审美意趣，所以在选择开本尺寸时要考虑到下面的一些因素，这样设计出来的书籍才能符合市场规律、阅读习惯以及审美需求等。

一是根据印刷的性质和内容进行选择。

二是针对面向的读者群体进行选择。

三是根据篇幅容量进行选择。

四是考虑现有的开本规格进行选择。

五是根据印刷的成本、价值进行选择。

由于纸张在书籍成本中占有很大的比例，因此要尽量节约与合理利用，减少纸张的浪费与损耗。

## 第二节　印刷常用纸张

印刷工艺各有不同，不同纸张的印刷效果也有所不同，因此在进行书籍设计时，必须根据印刷工艺的特点与要求选择相应的纸张。

以下是出版印刷中一些常用的纸张规格，以供参考。

### 一、胶版纸

胶版纸可以在平版（胶版）印刷机或者其他印刷机上印刷出比较高级的彩色印刷品，包括彩色画报、画册、彩色商标、宣传画或者其他比较高级的图书插图或者封面等。

胶版纸根据纸浆材料比例分类，包括特号、1号、2号、3号，分为单面和双面，有普通压光和超级压光。

胶版纸可伸缩性弱，吸墨性好，平滑度强，质地紧密透明度低，白度很好，抗水性能强，因此需要采用质量好的结膜型胶印油墨或者铅印油墨。同时油墨黏度不能太高，不然就会出现脱粉拉毛的情况，为了避免背面变脏，普遍借助喷粉、防脏剂以及夹衬纸。

定量（$g/m^2$）：50、60、70、80、90、100、120、150、180。

平板纸规格（mm）：787×1092，850×1168，880×1230。

卷筒纸规格：宽度787mm，1092mm，850mm。

### 二、铜版纸

铜版纸也叫做涂料纸、涂布纸，主要是在原纸上涂抹一层白色浆料压光而成。纸张平滑度较高，白度好，纸质纤维分布均匀，厚度一致，伸缩性小，弹性较好，有较强的抗水性能与抗张性能，吸墨和收墨状态良好。

还有一种无光铜版纸，又叫哑粉纸。无光铜版纸在日光下观察，对比铜版纸不太反光。无光铜版纸印刷的图案对比铜版纸更加细腻高档，印刷色彩对比铜版纸一样有反光度。

铜版纸包括单、双面两类，主要用于印刷书籍封面、精美画册、产品样本、彩色商标以及明信片等。铜版纸在印刷过程中压力不宜过大，应选择使用胶印树脂型油墨或者亮光油墨。为了避免背面粘脏，可以利用添加防脏剂或者喷粉等方法。

定量（$g/m^2$）：70、80、100、105、115、120、128、150、157、180、200、210、240、250。其中105、115、128、157进口纸规格比较多。

平板纸规格（mm）：648×853，787×970，787×1092等，889×1194为进口铜版纸规格。目前国内尚无卷筒纸。

### 三、新闻纸

新闻纸又叫白报纸，是印刷报刊及书籍的主要用纸。同时也是教材、报刊、连环画等的正文用纸。

新闻纸纸质松而轻，不透明性能好，有较好的弹性，吸墨性能好，可以确保油墨较好地固着在纸张上。经过压光后纸张双面平滑，不起毛，从而使印刷品双面印迹清晰饱满。有一定的机械强度，适用于高速轮转印刷机印刷。

新闻纸是用机械木浆（或者其他化学浆）为原料制作，其中含有大量的木质素与其他杂质，不适合长期存放。如果长时间保存，纸张会发黄变脆，抗水性变差，不宜于书写等。须使用报纸印刷油墨或者书籍油墨，油墨黏度不宜过高，平版印刷过程中须严格控制版面水分。

定量（$g/m^2$）：[49 ~ 52±2]。

平板纸规格（mm）：787×1092，850×1168，880×1230。

卷筒纸规格：宽度787mm，1092mm，1575mm；长度6000 ~ 8000m。

### 四、凸版纸

凸版纸是书籍和杂志采用凸版印刷时使用的主要纸张，是重要著作、高校教材、科技书籍和学术期刊等正文用纸。根据纸张材料的组成比例不同，凸版纸可分为四个等级，1号、2号、3号和4号。纸张的号数代表了纸张的质量，相对号数越大纸张质量越差。

凸版纸基本是用在凸版印刷中。凸版纸和新闻纸特性相似又不完全相同。凸版纸纤维结构组织均匀，同时纤维间隙也被一定量的填料与胶料填充，并且经过漂白处理，这就使得凸版纸对印刷具有较好的适应性。尽管凸版纸吸墨性不如新闻纸好，但它吸墨均匀，抗水性能与纸张的白度比新闻纸都要好。

凸版纸不透明，具有质地匀称，略有弹性，不起毛，稍有抗水性能，有一定的机械强度等特点。

定量（$g/m^2$）：[49 ~ 60±2]。

平板纸规格（mm）：787×1092，850×1168，880×1230；也有一些特殊尺寸的规格。

卷筒纸规格：宽度787mm，1092mm，1575mm；长度6000 ~ 8000m。

### 五、画报纸

画报纸质地平滑细腻，常用于印刷画报、海报和图册等。

定量（$g/m^2$）：65、90、120。

### 六、书面纸

书面纸也是书皮纸，主要是用来印刷书籍封面，造纸过程中会增加颜料，如灰色、蓝色、米黄等颜色。

定量（$g/m^2$）：80、100、120。

### 七、字典纸

字典纸是一种用于书刊印刷的高级薄纸，纸面洁白细腻，质地均匀平滑紧致，薄而强韧耐折，稍微透明，具有一定的抗水性能。可以印刷词典、字典以及经典书籍等页码较多、使用率较高、方便携带的书籍。印刷字典纸时对墨色、压力有较高的要求，因此印刷时需要特别注意。

定量（$g/m^2$）：30 ~ 40。

### 八、书写纸

书写纸是一种消费量很大的文化用纸，具有洁白光滑、耐水性能好、书写流畅等优点。适用于练习簿、记录本、账簿、表格等，供书写用，分为五个等级，特号、1号、2号、3号和4号。

定量（$g/m^2$）：45 ~ 80。

## 九、牛皮纸

牛皮纸包括单光、双光、无纹、条纹等，其拉伸强度高、抗撕扯，主要应用于信封、档案袋、纸袋、封套、包装纸等（图4-1、图4-2）。

图4-1 牛皮纸封面

图4-2 牛皮纸书函

## 十、白板纸

白板纸是一种由填料和粘合剂组成，表层纤维结构比较均匀，表面有一层涂层，由多辊压光生产而成的纸张。纸张表面颜色质量纯度较高，吸墨均匀，耐折性能好，主要用于包装盒、画片挂图、商品内衬等。

## 十一、凹版印刷纸

凹版印刷纸具有良好的平滑度和耐水性，纸质洁白坚挺，主要用于印刷钞票、证券、邮票、重要文件、美术图片、画册等质量要求高、仿制难度大的印刷品。

## 十二、轻型纸

轻型纸也叫蒙肯（Monken）纸，即轻型胶版纸，是一种比较人性化的纸。轻型纸具有良好的质感和蓬松度，不透明度高，印刷适应性和原稿还原度好。还具有质优量轻、价格低、无荧光增白剂、环保舒适的优点。其原色调能够有效地保护读者的眼睛，特别是老年人和儿童，在阅读时不会对视力造成损害，且方便携带和阅读。在欧美、日本等发达国家，书店里95%以上的图书都是用这种纸印刷的。

## 十三、合成纸

合成纸是由烯烃等化学原料和一些添加剂制成的，它质地柔软，抗拉力强，耐水、耐光、耐冷、耐热，能抵抗化学物质的腐蚀。合成纸是一种很有前途的印刷纸，它的生产不需要天然纤维，有利于环保，广泛用于印刷高档艺术品、地图、画册、高档书刊等。

## 十四、特种纸

特种纸也叫特种加工纸，是各种特殊用途纸或艺术纸的统称。

## 第三节 书籍的纸材工艺之美

纸材书籍不是虚拟的数字化载体，它是实实在在的物化读品，特殊纸张材料的应用为书籍设计的表现增添了广阔的空间（图4-3、图4-4）。一些特殊的纸张材料具有可折叠性、可压缩性，隐含着变化无穷的肌理等等，都被广泛应用于书籍设计之中。纸材所体现的自然之美，通过印刷工艺装帧品质所传达的书籍美感，令许多设计师关注书籍材质的性格语言和独特意韵，作品已真正体现了纸材文化的魅力（图4-5、图4-6）。

图 4-3 特种纸纸样（一）

图 4-4 特种纸纸样（二）

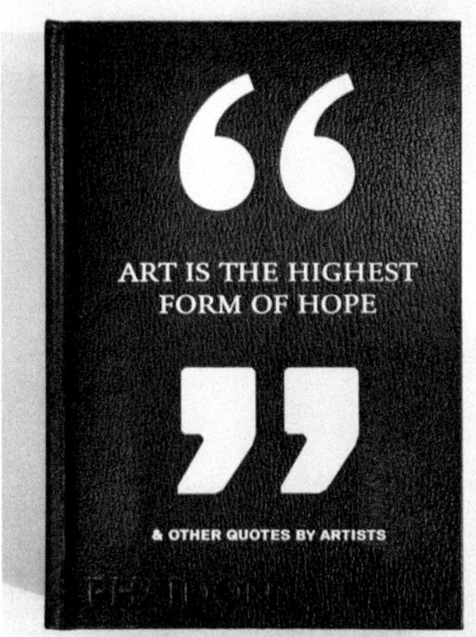


图 4-5 仿真皮纸封面

图 4-6 手揉纸封面 金山设计

图 4-7 《出色》特种纸纸样

图 4-8 珠光卡纸纸样

图 4-9 仿真皮纸纸样

不同纸张都具有各自的用途和性能，不同纸张质地也都有各自的印刷效果。无论普通纸还是特种纸表面都有不同的纹理，使用者使用过程中也都有自己的感受。只有选择合适的纸张，才能充分发挥其特性。在设计、印刷和装订时，纸张的厚度、重量、质地、纹理方向等都要考虑（图4-7 ~图4-9）。

纸张之外，各种织物、皮革、木质、金属、塑料等作为装帧材料也活跃在书籍设计之中，棉织物做封面古朴端庄，丝织物做封面秀丽古雅，麻织物做封面粗犷大气，木质、皮革材料稳重内敛，木质适合雕刻，皮革适合烫印，金属材料适合镂空，塑料耐磨防潮等（图4-10 ~图4-14）。我们可以根据材料的性质做出不同的选择，设计出个性化的作品来展现设计的主题，使印品更具有实用性和美观性。

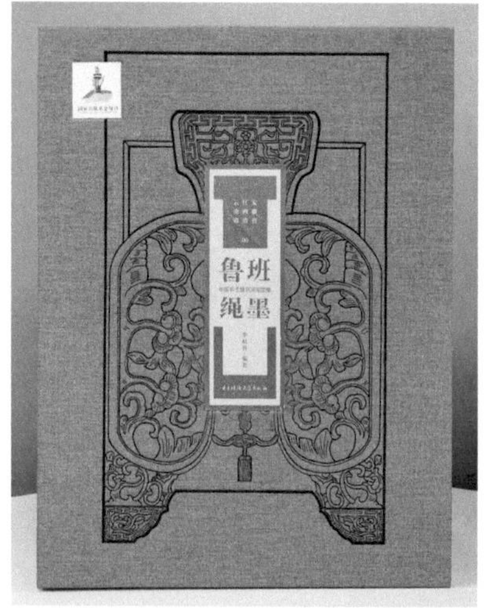


图 4-10 织物封面（一）

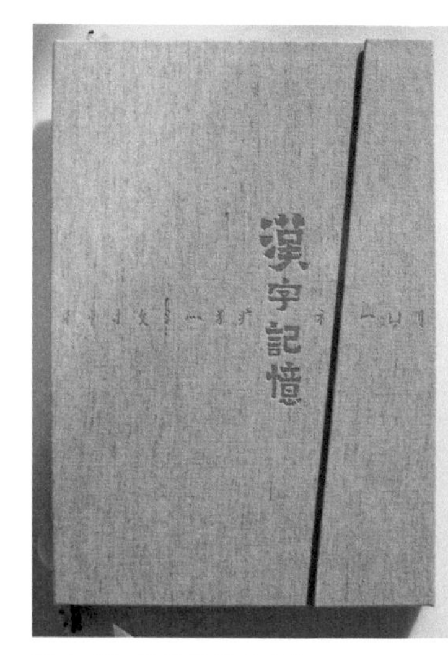


图 4-11 织物封面（二）

图 4-12 局部麻织物封面

图 4-13 皮革封面

图 4-14 木质书函封面

## 一、书籍设计中特种纸的应用

目前市场上特种纸的品类繁多，其设计效果也不尽相同，以下介绍一些常用的特殊纸张。

（一）压纹纸

在纸或纸板表面利用机械压纹的方法产生凹凸花纹，增强纸张的装饰效果，使纸张更具质感，可大大提升纸张的档次，提高装帧的视觉效果。压纹纸花纹丰富多彩，有布纹、斜布纹、格子纹、条纹、麻布纹、麻袋纹、直网纹、针网纹、雅莲网、橘子皮纹、蛋皮纹、头皮纹、皮革纹、齿轮纹等。

国内大多数的压纹纸是采用白板纸和胶版纸压制而成的，其外观较为粗糙，质地与表现力较好，品种繁多，可以使用这类纸张制作图书或画册的封面、环衬等来表达不同的个性。

（二）抄网纸

抄网是最传统和最常用的令纸张产生纹理质感的制作方法，通常是在造纸过程中进行的。把湿纸夹在两块具有良好吸水性的柔软的棉布中间，棉布的纹路线条便会印在纸张上，既可以印一面，也可以印两面。一些进口的抄网纸，如刚古条纹纸等线条图案质地柔和、若隐若现，均含有棉质，因此质地更加柔软自然且富有韧性。

（三）仿古效果纸

这类纸温暖丰润，纸质清爽硬挺，采用仿古效果纸设计的印刷品古朴大方、美观典雅。

（四）掺杂物及特殊效果纸

由于其抄造过程中添加染料，使纸张形成斑点或营造羊皮纸的效果，有的环保再生纸加有矿石、花瓣、飘雪等杂质，如图4-15所示。鉴于纸张外观的特殊视觉效果，常用于枯燥无味类的文稿和过于简单的印刷品，它能使版面活跃起来。

（五）刚古纸

刚古纸是在英国生产的一种高级商用、办公用纸。刚古纸分为贵族、滑面、纹路、概念、数码等几大类。

（六）珠光纸

珠光纸可分为珠光平面纸和珠光花纹纸，由于观察角度的变化，纸

图 4-15 掺杂物及特殊效果纸

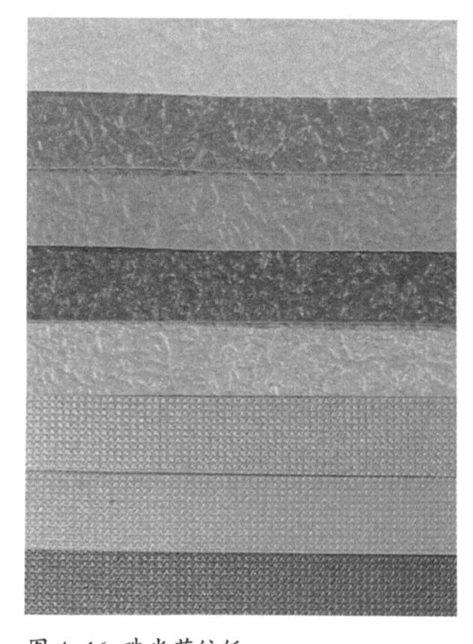

图 4-16 珠光花纹纸

张的色调可能呈现出不同的色彩感觉，并且具有“闪银”的效果，是通过光线折射弥漫到纸张表面而形成的一种光泽。珠光平面纸非常适合印刷具有金属特质的图案，适合高档图书的封面或精装书的书壳。珠光花纹纸具有高档华丽的感觉，适合印后工艺及包装盒，如图4-16所示。

（七）金属花纹纸

金属花纹纸不仅保持了高级纸张所固有的经典与美感，并且具有金属色调，高贵却不庸俗，奢华而不张扬，和普通艺术纸有较大的区别。因为采用了新技术，所以其金属特性可以保持不变，纸张表面平滑，为印刷效果增加了无尽的魅力，同时适用于各种特殊工艺与印刷技术，尤其是烫印工艺。可生产各种高档印刷品，如礼品包装盒、书籍封面、样本年报等。

（八）植物羊皮纸

植物羊皮纸也叫做硫酸纸，是植物纤维抄造的厚纸用硫酸处理后，改变了原有性质的一种变性加工纸，呈现出半透明状，纸页空隙不多，韧性较强，紧密度高，同时也可以进行上蜡、起皱、压花、涂布等加工工艺。因为是半透明的纸张，在现代设计中往往用作书籍的衬纸。在植物羊皮纸上印刷金、银或印刷图文，别具一格。有时也用作书籍或画册的扉页，一般用于高档画册（图4-17 ~图4-19）。

| 2014 | 咖啡 | Dark Brown |
| --- | --- | --- |
| 2015 | 豆绿 | Kaki |
| 2016 | 茄青 | Purple |
| 2017 | 雪青 | Lilac |
| 2018 | 深蓝 | Dark Blue |
| 2019 | 天蓝 | Light Blue |
| 2020 | [illegible] | Yellow |
| 2021 | 桔黄 | Orange |
| 2022 | 桃红 | Red |
| 2023 | 大红 | Dark Red |

| 2024 | 粉红 | Pink |
| --- | --- | --- |
| 2025 | 酒红 | Wine Red |
| 2026 | 桔红 | Tangerine |
| 2027 | 果绿 | Apple Green |
| 2028 | 翠绿 | Light Green |
| 2029 | 草绿 | Green |
| 2030 | 墨绿 | Dark Green |
| 2031 | 本色 | Brown |
| 2032 | 白色 | White |
| 2033 | 银灰 | Grey |

图 4-17 植物羊皮纸

图 4-18 植物羊皮纸衬纸（一）

图 4-19 植物羊皮纸衬纸（二）

此外，除了不同的纸张类型，特种纸还被染成各种各样的颜色，具有极佳的装饰效果。生产经营特种纸的厂家与公司都有样册以供挑选。

## 二、特种纸的印刷装潢效果

### （一）特种纸的质感

质感就像是物体的皮肤，也是与物体有关的造型因素。物体表面光滑或者粗糙都属于质感因素，需要借助触觉或者视觉感受。质感并不是特质色彩或者形态，它是一个特殊感觉的造型因素。质感可分为两种类型，一种是可以用手感知到的触觉纹理，另一种是可用视觉感知的视觉纹理。触觉质感更加直接，盲人也可以感知；视觉质感是通过视觉唤醒触觉而产生的质感。尽管纸张不是立体而是平面的材料，但是如果借助纹理图案也可以感受到材料的视觉质感，也可以通过表面的凹凸给人以触觉质感（图4-20）。

图 4-20 特种纸的质感

（二）特种纸的肌理

肌理是物体表层的纹理。每个物体的表面都有所不同，每种材质的纹理质感也都有所区别，这就是肌理。纸张的植物纤维纵横交错形成多元化的肌理效果。肌理也包括视觉肌理与触觉肌理：视觉肌理属于视觉可以感受到的肌理，包括条纹、布纹或者图案凹凸等纸张表层所表现的二维平面肌理；触觉肌理通常是借助模切、雕刻或者拼压等加工方法打造出的三维立体效果，可以用手直接感知（图4-21）。

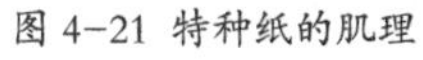
图 4-21 特种纸的肌理

（三）特种纸的表面整饰

借助大量印后加工的方式，特种纸表面就会呈现出不同的风格与效果，比如在特种纸上进行凹凸压印、烫印、UV上光、模切等，效果都很好。特种纸比普通纸具有更好的质感和肌理，无论从宏观还是微观角度，都为设计提供了无尽的素材，如图4-22 ~图4-28所示。

图 4-22 特种纸封面烫彩银

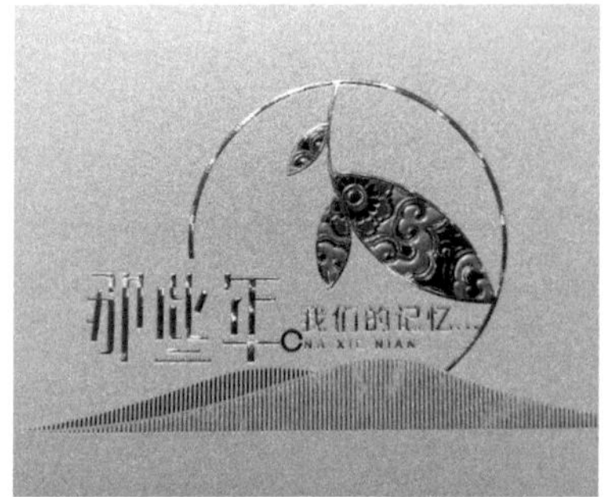

图 4-23 珠光纸彩色烫金压凹凸

图 4-24 珠光纸烫金压凹凸、文字过UV

图 4-25 特种纸 UV 印刷

图 4-26 特种纸压凹凸

图 4-27 特种纸模切

图 4-28 特种纸封面模切 朱赢椿设计

## 三、特种纸的不足之处

特种纸有很多优点，但也有一些美中不足之处。

一是价格较贵，用特种纸大批量地进行印刷，可能由于价格原因导致客户不能接受，所以通常只用于书籍封面或者重要资料的设计与印刷。选择特种纸时还要注意，有时只是品种稍有不同，价格却差别很大。

二是大部分特种纸吸附性都较强、渗透性能也好，但是因为纹路不够平滑，印刷过程中油墨会渗透进缝隙中，尤其是大面积的实地印刷，不易干燥，容易粘脏。四色叠印时，人物、图像色调可能比较沉闷，颜色不够鲜亮。

三是彩色特种纸在印刷中会出现偏色的现象。需要注意的是，深色特种纸表面无法印刷四色图像，可以印刷金、银等金属光泽感较强或者专色调配的油墨。

如果能够正确使用不同风格颜色的特种纸，就会得到意想不到的特殊效果，使作品锦上添花，更加具有魅力。

## 四、特种纸印刷的注意事项

由于造纸工艺的特殊性，使得特种纸在性能与纸张结构方面存在许多特殊性，这也导致了印刷工艺上的许多特别之处。

（一）吸墨性

各种特种纸的吸墨性跨度都较大，比如杯垫纸吸墨性较强，莱妮纸吸墨性也很强，但是透明纸则较差。特种纸的吸墨性直接关系着印刷品的质量以及最后的交货时间。一些吸墨性较弱的纸张，为了改善油墨干燥过慢，可以在油墨中适当添加催干剂或者利用紫外光固化，以避免背面粘脏、印迹粉化等情况出现。纸张结构也会给吸墨性带来一定的影响，一些纸张质地疏松，油墨比较容易渗入并且容易干燥；一些纸张质地紧密，油墨容易浮于纸张表面，既不渗入纸张也不容易干燥。针对吸墨性不同的特种纸，通常可以通过调节印刷压力或者对油墨进行处理来控制，必要时可以进行一定数量的试印。

（二）平滑度

由于造纸工艺有所区别，一些特种纸纸质比较疏松，平滑度不高；一些纸质则非常紧密，光洁度较好。特种纸中不乏具有浮雕效果和条状纹路的，对于这类纸，建议尽量少印刷或者不印刷，只需要简单地对局部进行加工，包括压凹凸、烫印或者模切等，既利用了纸张的天然浮纹，又保留了原纸的特性，同时也借助此类特性达到较好的装饰效果。如果要印刷，就需要慎重地对印刷压力进行调节和控制，如特种纸比较疏松，印刷压力就要调小，避免破坏艺术纸底纹纹路的特征而导致纸张变形；如特种纸质地较为紧密，则应适当增加印刷压力，操作过程中要具体问题具体分析。

# 第五章　书籍印前设计

书籍设计与印刷工艺是一个追求尽善尽美的过程。一个合格的设计工作者，应该熟知印前设备的基本工作原理和功能，精通制版、印前工艺流程中的各个环节及相互关系，特别是印前设计中的注意事项，因为这些事项控制着书籍成品的质量。

## 第一节　印前制版工艺流程

不论是传统的照相制版，还是当下的数字化印前，印前工艺流程都是将原稿经过一系列的处理后，输出符合印刷工艺要求的图文合一的印刷胶片或印版的工艺过程，如图5-1所示。

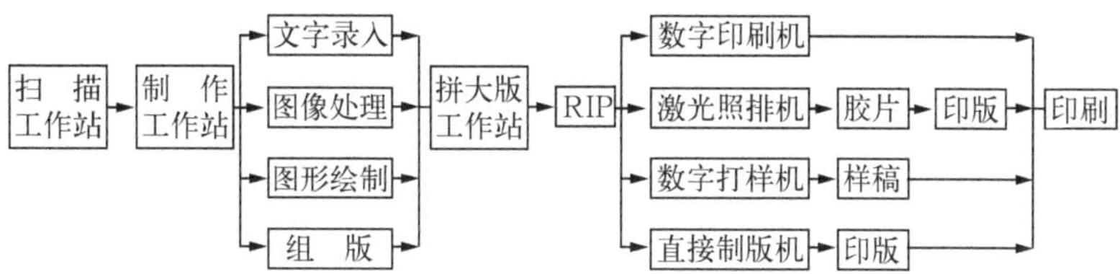


图 5-1　印前工艺流程图

平版（胶版）印刷是最为常见的一种印刷方式，是指利用PS/CTP版将想要表达和传播的文字图形信息转移到承印物上，最后制作成书刊、报纸等纸质传媒。其印前工艺流程为：原稿→图文输入→版面编辑→打样校对→输出CTP版（或输出菲林→晒版）。建议初学者从平版印刷开始学习，其他印刷原理大同小异。

### 一、印刷品原稿的特点及复制要点

原稿是整个制版过程的复制依据和基础，原稿质量的好坏直接影响着印刷成品的质量。原稿是组成印刷品的五大要素（原稿、制版、印刷、纸张、油墨）之首。

制版原稿，无论是创作的绘画、宣传画或彩色照片均属视觉欣赏艺术，其中蕴含着作者的观念和认知。所以如果想要表现出原作品的艺术性，就需要分析原稿的特征，找出关键点，规划出相匹配的工艺实施方案，确保复制品可以精确完美地再现原作品的艺术精髓。

原稿的分析：彩色图像的复制原稿非常关键，它决定了复制图像最终的品质。因此在原稿扫描分色前需要遵照图像复制的目的特点，综合分析原稿的内容、类型、颗粒、色彩、层次以及清晰度等内容，确保可以表达出原作的艺术性，复制出和原作内容、复制目的、工艺再现性一致的工艺参数。

原稿的分类：制版原稿是由用户提供的图形、图像以及文字等内容。按照原稿综合构成分析，其中包括照片、彩色反转片、印刷品、彩色透明正片、实物、画稿六种；根据原稿内容可以划分成人物、风景、国画、静物、水彩画、油画等类型。

一般彩色反转片、艺术摄影片画稿质量较好，与标准原稿相接近，易于分色作业。而印刷品、实物、透明正片则质量较差，分色时需要作综合调整。

原稿艺术特征：彩色图像复制中，每一幅原稿都有其艺术特点，分色制版时都要重视。比如中国绘画的焦、浓、清、淡；古画的沉着、古朴、稳重；油画的色彩丰富厚重、笔触清晰、对比强烈；水彩画的色彩明艳、滋润、淋漓酣畅；人物稿皮肤细腻、层次丰富；静物的形体空间感；机械、织物的细微质感与精细纹理等。所以针对不同原稿，既要忠实于原稿还原，又要达到作者创作的艺术效果。

### 二、印刷图像信息处理

原稿上的图像信息按照印刷的要求，经过处理，转移到感光材料上，制成供晒版的阳图底片，这一工艺过程叫作印刷图像信息处理。印刷图像信息处理，现在主要采用彩色桌面出版系统进行。

20世纪90年代研发出一个新型印前处理设施——彩色桌面出版系统，又称DTP，全称是Desk Top Publishing（桌面出版），体积不大可以直接放在桌面上。由桌面分色和桌面电子出版两部分组成。彩色桌面出版系统中的整体结构包括加工处理、输入以及输出三方面。

（一）输入设备

输入设备的基础功能是可以复制原始文档并将其输入系统。除了文本输入与计算机排版系统一致，图像的输入可以利用多种设备，包括扫描仪、数码相机、绘图仪、电子分色机和卫星地面接收站等，现使用较多的是数码相机。

（二）加工处理设备

加工处理设备统称为图文工作站，其基本功能是处理加工进入系统的原稿数据，如色彩校正、修改、创意设计、添加文字符号、制版拼版等，形成图文合一的完整页面，然后发送到输出设备。

目前使用的电脑系统主要有MAC、Windows，因为桌面系统中的硬件和软件非常多元，因此在选择适合印刷要求的硬件、软件组合时有几点是非常关键的，例如处理速度和容量、中文环境以及系统网络等。

（三）输出设备

印前输出设备可以对生产的最终产品起到决定性作用，包括高精度激光照排机以及RIP（光栅图像处理器，主要是对文件进行解释运算，之后调整为光栅点阵数据的处理软件以及处理器。该处理器在印刷业中占据非常关键的地位，任何输出设备无论是照排机还是打印机，都离不开RIP来驱动）两部分。为了确保符合印刷过程中对图像处理的要求，首先需要关注激光照排机以及RIP的输出重复精度、输出分辨率、输出速度以及输出加网结构等性能数据。输出设备包括鼓式（滚筒式）和绞盘式两种。

另外，输出设备需要确保可以输出汉字，携带标准接口，输出幅面也要和印刷需求相匹配等。

彩色桌面出版系统输出设备中具备大量的彩色打印机，包括喷墨打印机、激光打印机、热升华打印机等，同时也包括大量多媒体载体（光盘、幻灯片制作机以及录像机等）。

### 三、CTP及PDF技术的概念

就国内印前工序而言，主要有两个工序，即CTF（Computer to Film，计算机直接出胶片）和CTP（Computer to Plate，计算机直接制版）。两者都接收1-Bit-Tiff的加网数据，然后经过各自的工序最终输出印版，只是CTF比CTP多了出胶片和晒版的中间环节。其中，CTF工艺主要采用PS版（Presensitized Offset Plates，预涂感光版），CTP主要采用CTP版，它们所使用的版材都有各自的特点。

CTP是计算机直接制版技术，把通过数字化流程处理过的电子文件直接输出到印刷版，制作周期更短更快，出版物质量更好更稳定。从电脑直接到印版，也就是“脱机直接制版”。起初是由照相直接制版改革发展而来，制版设备普遍来说是直接借助电脑控制的激光扫描成像，之后借助显影、定影等制成印版。CTP计算机直接制版技术省去了胶片这一中间媒介，使图像文本直接输出为印版，减少了材料消耗与中间过程中的质量损耗，目前应用非常普遍。

CTP版材根据制版成像原理可以划分为四种类型，分别是感热体系CTP版材、感光体系CTP版材、紫激光体系CTP版材以及其他体系CTP版材。感光体系CTP版材中还具备高感度树脂版材、银盐扩散型版材以及银盐/PS版复合型版材；感热体系CTP版材中具备热烧蚀版材、热交联型版材以及热转移型版材等。

PDF（Portable Document Format）是便携文档格式，目前支持跨平台使用。PDF文件支持Unix、Windows以及苹果公司的Mac OS操作系统，这也促使其变为网络中数字化信息传播以及电子文档发布中非常理想的文档格式。Adobe公司研发出PDF文件格式，目的是支持跨平台进行多媒体集成信息的出版与发布。PDF文件格式可以将独立于设备和分辨率的文本、字体、格式、颜色及图形图像等封装在一个文件中，具有许多其他电子文档格式无法比拟的优势。这种格式的文件不仅可以包含超文本链接、声音和动态图片等电子信息，也支持超长文件，具有很高的集成度、安全性和可靠性。PDF文件是基于PostScript语言的图像模型，可以保证在任何打印机上都可以打印出精准的颜色和效果，也就是说，PDF会忠实地再现原稿的每一个字符、颜色和图像。PDF文件可以通过设计排版软件创建，通过Acrobat等软件转换和修改，可以畅通无阻地在任何平台上显示和阅读。PDF文件使用行业标准的压缩算法，通常比PostScript文件小，易于传输和存储。它还是独立页面的，一个PDF文件包含一个或多个“页面”，可以独立处理每个页面，适合多处理器系统的工作。PDF文件满足了印刷出版资源管理的要求，实现了全文检索。在CTP生产过程中，文件借助数字化流程变成标准的PDF文件，可以远程或者本地校对电子文件内容，大大提高了生产效率，同时也确保电子文件的安全生产。

由于数字化流程技术进步越来越快，大中型出版印刷媒体与企业都投入大量的精力在电子文件数据标准化中，力求打造出科学的数字化生产管理系统。综合应用CTP和PDF技术，可以充分实现电子文档处理，确保印刷网点的精确控制，最大程度上保持原稿图像的质量，确保文本字体不会出错，降低校对出版物的成本，有效控制出版物的生产周期。也就是出版社设计的标准电子文档，印刷企业借助数字化流程可以迅速形成印刷工艺要求的大版，快速提供数码打样，或者通过网络技术实现在线远程校对，确认印刷样张标准依据的信息，迅速输出CTP，同时也要根据印刷企业的生产规定直接输出大版，确保正常印刷，实现有计划生产，保证出版物的有效生产周期和质量。

### 四、图文印刷工艺流程和新趋势

桌面出版印刷流程：电子印前或桌面出版系统→分色及菲林输出→打样→拼版→晒版→冲版→上版→清洗橡皮布→角线套准→墨色平衡→印刷→折页→配页→装订→裁切→完成成品。

CTP直接制版系统：桌面出版系统（设计、排版、电分）→数码打样→CTP版输出→上版→清洗橡皮布→角线套准→墨色平衡→印刷→折页→配页→装订→裁切→完成成品。

数码印刷流程：电子印前或桌面出版系统→数码印刷设备→完成成品。

CTP直接制版系统在全球已经属于非常完善成熟的技术，CTP工艺流程对比传统菲林工艺流程减少了三个步骤，生产效率大大增加。CTP拼版套准精确，不丢网点，上机水墨平衡速度快，不糊版，所以使用CTP版不论是输出版的重复精度与网点的还原性，还是改善偏色或者套准精度等方面都比传统菲林进步很多。

### 五、CTP计算机直接制版工艺流程

（一）主要工艺过程

1.图文的输入：将所需要的图像、文字输入计算机系统。

2. 图文处理，拼小页面：按照制版的要求，将图像文字调整好，并拼在小页面中。

3. 组大版：按照印刷幅面的大小和装订的要求，将小页面拼成供印刷用的幅面。

4. 数码打样：为校正提供参考样张。

5. 计算机直接制版：将数字页面的图文信息转移到印版上。

（二）CTP工作正确步骤

1. 输出前检查文件，包括尺寸、出血、字体、图像、图形、线条、模切线、浅网、修改的地方是否到位。

2. 输出PS或PDF。

3. 建联版模版，包括版式、背标、前标、字脚、侧规、套准线、折页线、咬口等。

4. 精练、分配页面、VPS（Virtual Proofing System，虚拟打样系统）检查。

5. 打印蓝纸；制作蓝纸样，包括成品、折手样；检查蓝纸，文字图像是否正确，出血、颜色、工艺、折手、咬口是否和工单一致，蓝纸内容是否正确。

6. 输出第一块版，检查咬口是否正确、是否有脏点，打孔、登记台账。

## 第二节　印前设计注意事项

### 一、出血

印刷术语“出血位”又称“出穴位”。印刷成品边缘全白色无图像和文字，叫不出血，成品位就是裁切位；如边缘有图像和文字，叫出血。

由于印刷图像裁切时，裁刀很难精准把握成品的尺寸，容易产生错位（误差），要么切进成品的画面，要么切不到位而使成品露白，因此设计时要在印刷品实际尺寸的四周加3mm的边，简称出血。印刷好的成品出血是要裁去的。

现行出血的标准尺寸为3mm，出血位统一为3mm的优点是：

① 制作出来的稿件，不用设计者亲自去印刷厂告诉他们该如何裁切。

② 在印刷厂拼版印刷时，最大程度利用纸张尺寸。

### 二、CMYK 模式

专门应用于印刷的色彩模式，主要适用于四色印刷中油墨套印成色。各种彩色印刷品千变万化的色彩均由CMYK（青色Cyan、品红Magenta、黄Yellow、黑KeyPlate)四色油墨产生，即我们通常所说的四色印刷。

KeyPlate的意思是“关键版”。有些人误认为黑（Black）之所以简化成“K”是因为担心和“Blue”的简写“B”混淆，事实不是这样，“K”真正代表的是“Key”，通常的文字和图像轮廓都是黑色的，如果先印黑色，其他颜色更容易定位和套准。

从理论上讲，黑色可以用C、M、Y三种油墨混合，但由于混合后的黑色黑度不足，为了保证印刷品的质量，黑色便独立出来自成一色。

RGB模式是以色光三原色为基础建立的色彩模式，RGB模式是电脑、手机、投影仪、电视等屏幕显示的最佳色彩模式。RGB模式的色域比CMYK广很多，所以RGB的颜色更鲜艳、更丰富，画面也更好看。印刷制作时，要将RGB模式的图像转换为CMYK模式，因为

RGB模式可能显示出无法印刷的颜色，在设计时和印刷上产生严重误导。当图像由RGB模式转为CMYK模式时，超出了CMYK能表达的颜色范围的颜色只能用相近的颜色替代，这样就会看到有些图像上的一些鲜艳的颜色会产生明显的变化，颜色会变得暗淡，变化最明显的是鲜艳的色系。但是当再次把CMYK色彩模式转回RGB色彩模式时，不会变回之前鲜亮的颜色。在Photoshop拾色器中选色，如果当前颜色超出了CMYK系统的色域范围，就会有色域警告框弹出来。点击警告三角图，会自动选择一个最接近当前的颜色，又在CMYK色域内的印刷安全色。

### 三、网点线数

印刷是利用网点再现原稿，如果放大来看，就会发现印刷成品是由无数大大小小的网点构成的。网点是印刷工艺中最基本的元素，这种由网点形成的图文在印刷上称为“网屏”。我们看到的网点大小虽然不同，但都排列规则。网点越大，印刷出来的颜色越深；网点越小，印刷出来的颜色越浅。

单位长度内所容纳的相邻网点中心连线的数目叫做网点线数，挂网线数的单位是 Line/Inch（线/英寸），简称lpi。网点排列的位置和大小是由加网线数决定的，例如加网点目数为150lpi，则在1英寸的长度或宽度上有150个网点。不同颜色的网点会按不同的角度交错排列，以免所有颜色的油墨叠印在一起。

常用的网点线数有80lpi、100lpi、120lpi、133lpi、150lpi、175lpi、200lpi。网点线数越高，单位面积内容纳的网点个数越多，阶调再现性越好。精细印刷品，一般使用平滑度较高的纸张印刷，应该选择高网点线数来复制。高档画册的印刷线数为200lpi，一般的彩色印刷品的印刷线数为175lpi。

设计师只需要知道网点线数原理就可以了，有专业制版师会根据文件及印刷机要求定好相应的网点线数。

### 四、位图和矢量图

位图也称为位图图像、点阵图像或栅格图像，由存储在图像栅格中的像素(Pixel)组成，像素是位图最小的信息单位。当放大图像时，会看到无数个小方块，也就是平时所见到的马赛克状，每个小方块就是一个像素，每个像素都具有特定的位置和颜色值。位图图像的品质取决于单位长度内像素的多少，单位长度内像素数目越多，分辨率越高，图像的效果越好。位图的优势是表现的色彩比较丰富，层次多、细节多、真实性强。位图的缺点在于图像放大后，清晰度和分辨率会降低，会出现马赛克和边缘锯齿的现象。

矢量图也称向量图，是由软件绘制而成的点、线、面，它不存在像素之说，可无限放大且不会失真。矢量图和分辨率无关，将其缩放到任意大小并以任意分辨率在输出设备上打印出来，都不会影响清晰度。矢量图色彩不丰富，无法表现逼真的实物。

## 五、分辨率

分辨率是针对位图而言的，矢量图不存在分辨率之说。

所谓图像分辨率是指每英寸单位中所包含的像素点数，点数越多，图像信息越多，表现的细节越清楚。简单来说就是分辨率越高，图像越清晰。

分辨率(Resolution)是衡量位图图像或印刷品质量的重要指标，分辨率的大小将影响最终输出的质量。

分辨率的单位是dpi(Dots Per Inch)或ppi(Pixels Per Inch)，也就是每英寸的点的数目，这个点就是像素(Pixel)。一般图像分辨率是以每英寸包含多少像素(ppi)来计算的。而输出设备例如照排机、激光打印机等，则是以输出分辨率即每英寸的点数(dpi)来计算。正常印刷要求图像分辨率为300dpi（像素/英寸）。像素越细密图像的清晰度就越高，其信息量也就越大，所占用的磁盘空间也越大，编辑操作时速度也相对较慢。

## 六、常用软件

1. Adobe Photoshop（简称PS），它的专长在于图像编辑处理，可以将不同的对象组合在一起，对图像进行放大、缩小、合成、校色、调色、修补等。书籍设计多用Photoshop设计封面，处理图片、插画等。

Photoshop的色彩模式很多，印刷常用CMYK模式、灰度模式及位图模式。

2. Adobe InDesign（简称ID），ID是一款定位于专业排版领域的设计软件。

它的优点是能够自动排文排页码，可创建多种主页，文字块具有灵活的分栏功能，可创建各种段落样式、字符样式、对象样式、项目符号和编号以及方便快捷的制表功能等。

由于InDesign软件强大的排版功能，成为书籍杂志排版设计的首选软件。

3. Adobe Illustrator（简称AI），AI是一款专业矢量图形设计软件，擅长绘制灵活准确的点、线、面，这些点线面无限放大后依然清晰。Illustrator的排版功能也很灵活，可同时创建多个页面，常用于单张、折页、海报、画册等印刷品的设计排版。由于Illustrator不具备自动排页码等功能，所以书籍类的排版一般不用它。

4. CorelDraw（简称CDR），CDR是一款矢量绘图及排版软件，它最大的特点是操作简单，易学易懂，使用范围广泛，从专业印刷公司到图文店，处处可见。主要应用于商标设计、装潢制作、模型绘制、图文排版及分色输出等诸多领域。

CorelDraw也有缺点，就是它只适用于Windows操作系统，不适用于Mac OS操作系统，并且和其他软件不太兼容，还有软件本身的各个版本之间文件也经常相互打不开。

### 七、印刷中常用的文件格式

（一）常用文件格式

1. 位图（PSD、JPG、PNG、TIFF）

（1）PSD是Photoshop软件的专用文件存储格式，需要借助Photoshop软件才可以打开或者编辑修改，此格式的文件存储可保证图像完全无损，不合层的PSD是编辑修改图片的最佳存储方式。

（2）JPG也称JPEG，是一种压缩格式。所谓压缩就是降低图像质量以达到降低图像大小的方法。存储时图像品质的数值越低，图像质量越差。品质数值最高是12，代表存储最佳图像质量，可达到接近无损状态。

（3）PNG也是一种压缩格式，它最大的优点就是支持透明效果，也就是常说的去底效果。

（4）TIFF是一种很灵活的位图格式，它既能分层编辑，又能合层编辑；既能无损存储，又能压缩存储。它的压缩不会像JPG那样严重损坏图片的质量，可以在减小文件大小的同时不过多损坏图片的质量。TIFF文件以“.tif”为扩展名。

2. 矢量图（AI、CDR、EPS）

（1）AI是Illustrator软件的专用文件存储格式，AI文件是矢量文件，任意放大图像也不会产生马赛克现象。它可以通过Photoshop打开，但打开后的图片只能是位图图像而非矢量图形，打开时可以在弹出的对话框中输入想要的图片分辨率。

（2）CDR是CorelDraw软件的专用文件存储格式，需要安装CorelDraw软件后才能打开该图形文件。CDR是矢量文件，由CorelDraw绘制并存储的图像可无限放大。

（3）EPS是一种综合性很高的文件格式，所有平面软件都能打开，也能预览，能同时包含位图图像和矢量图形，用矢量软件打开就是矢量源文件格式，用位图软件打开就会变成位图格式。

（二）印刷中常用的文件格式

TIFF、EPS、PDF格式是印刷常用的基本格式。

（1）TIFF文件支持多种图像模式，像常用于印刷的CMYK模式、灰度模式、位图模式。

CMYK模式是彩色印刷最普遍的图像模式。

灰度模式常用来做黑白影像处理。灰度模式可以使用多达256个灰度级来表示图像，使得图像的过渡更加平滑细腻。当彩色图像转换为灰度模式时，Photoshop软件会丢弃原始图像中所有的颜色信息，只保留像素的灰度。

位图模式只有黑色和白色，因此也称黑白二值图像，或称一位图像。其图像类似于黑白装饰画和版画的效果，没有中间过渡色调。因为位图模式只使用黑色和白色来表示图像的像素，当图像转换为位图模式时，会丢失很多细节。位图模式需要从灰度模式转换，如果设计中需要将RGB模式或CMYK模式的图像转换为位图模式，必须先转换成灰度模式，再转换成位图模式。例如印刷设计中常遇到的手写签名，一般扫描或拍照后用Photoshop软件处理完转换成位图模式。

当需要将位图图像置入ID排版软件进行图文混排处理时，必须将文件转换存储为TIFF文件格式。

如果打算在图像上添加文字，可以把文字作为矢量信息存储为TIFF文件的一个单独图层。当把这个包含文字图层的TIFF文件导入页面进行排版时，文字可以采用和图像不同的打印分辨率，而以PostScript打印机最大分辨率进行打印，这对于特别小的文字尤其有用。TIFF格式的优点是：输出要求比较简单，甚至不需要PostScript打印机输出；记录信息详细，这是该格式在各领域广泛应用的主要原因；支持Alpha通道，在图像处理过程中可以把重要信息保存在通道内，如针对局部区域的处理与操作；TIFF文件的稳定性很高。但是TIFF格式不支持双色调图像（一般是黑色加上一个Pantone色），这是TIFF与EPS格式的重要区别。

（2）EPS文件有矢量图和位图两种基本类型。位图EPS文件和TIFF文件类似，都与分辨率有关，也就是基于每英寸包含的像素数量而确定的分辨率。如果在Illustrator软件中画一个对象并存储为EPS格式，或者在CorelDraw软件中画同样的对象，然后以EPS格式导出，这时EPS存储的是矢量图，而不是位图，这时的EPS与分辨率无关，可以缩放到任意大小，并且和原图具有一样的清晰度。更好的是这两种格式都支持透明背景，可以导入到页面排版软件中，放在其他背景上不会有任何问题，并且图形软件创建的EPS文件非常小。但是EPS文件也有缺点，置入主要的排版软件如InDesign等不能清晰完整地显示EPS图像。

（3）PDF是一种电子文件格式，它通用于所有计算机系统，单击即可浏览。PDF文件同样支持位图和矢量图，它的存储可包含文字、颜色、位图、矢量图等，并且打开不会失真，是印刷行业偏爱的一种格式。它的缺点就是有些软件无法一次打开所有页面，只能一个一个页面打开编辑修改。如可以在Photoshop中打开一个单页的PDF文件，或者是多页PDF文件中的一页，但是页面上所有的内容都将转换为位图，包括文字和矢量信息。

## 八、如何新建文件并设置出血线

以Photoshop软件设计一张大度16开宣传单为例：首先新建文件，大度16开的成品尺寸是210mm×285mm，也就是21cm×28.5cm，四周加上出血，宽度是21.6cm，高度是29.1cm，分辨率300ppi（像素/英寸），颜色模式CMYK颜色，8位，背景色白色，如图5-2所示。

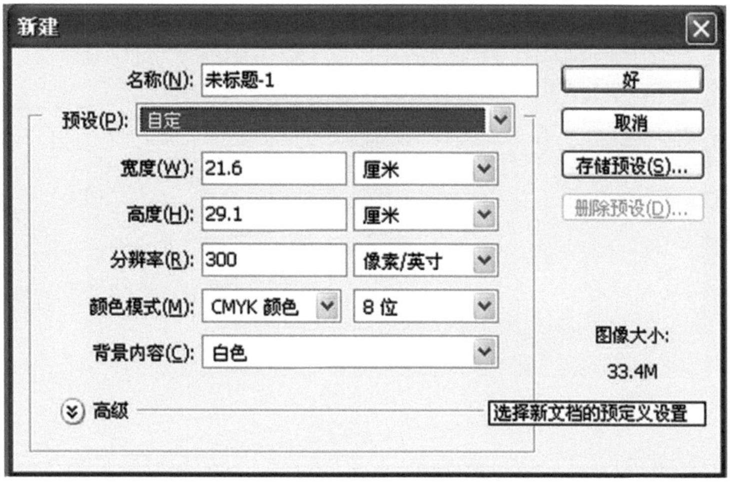

图5-2 新建大度16开文件

再以Photoshop软件设计一张大度四开海报为例：大度4开的成品尺寸是420mm×570mm，新建文件加上出血，宽度42.6cm，高度57.6cm，如图5-3、图5-4所示。

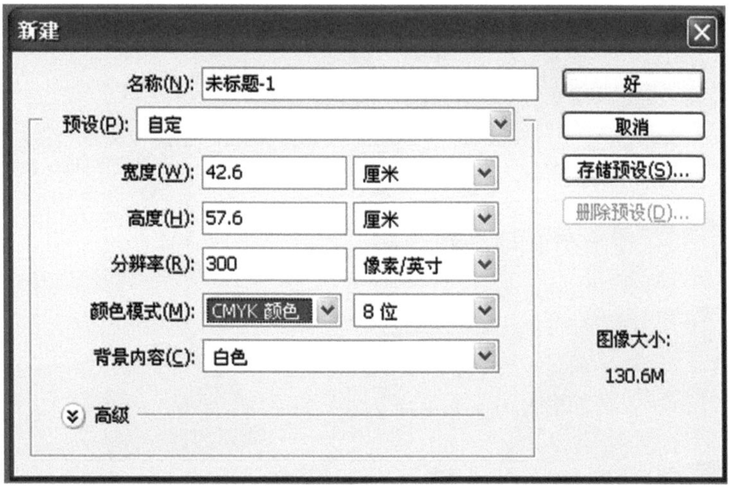

图5-3 新建大度4开文件

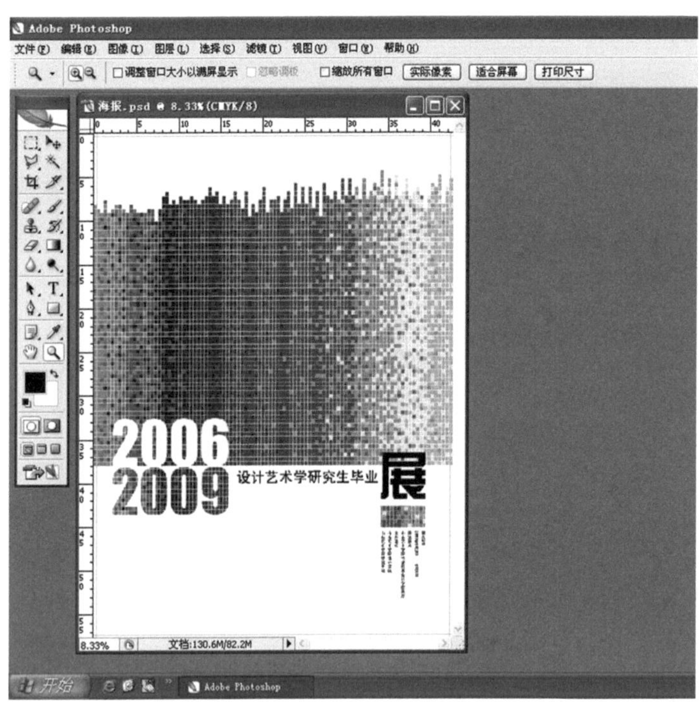


图 5-4 大度 4 开海报

下面再用Photoshop软件设计一个大度32开的封面。大度32开的封面尺寸是210mm×140mm，加上封底和书脊，书脊的尺寸是10mm，新建文件：宽度140（封面）+ 140（封底）+ 10（书脊）+

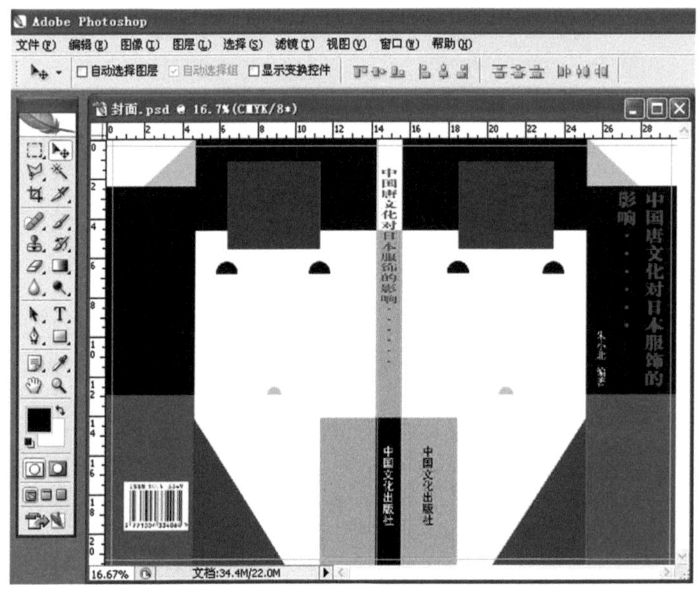


图 5-5 大度 32 开封面

左右出血6 = 296mm = 29.6cm；高度21.6cm，含出血（图5-5）。

上面我们讲了Photoshop软件的出血设置方法。Illustrator和InDesign这两个软件都有自带出血位功能，只要将“文档设置”里的“出血”参数设置为3mm即可。

### 九、套印

套印是指多色印刷时要求各色版图案印刷时重叠套准。

通俗地讲，印刷的基本颜色是“CMYK”，即“青、品红、黄、黑”。其他千变万化的颜色都是由这四种基本颜色“叠加”在一起实现的，这种叠加的过程称为“套印”。

例如在一张纸上印刷一个“绿色”的平面几何图形，那么印刷时需要印刷两次，一次是印刷“青”色的平面几何图形，一次是印刷“黄”色的平面几何图形，如果要保证这两个不同颜色的几何图形在一张纸上重合，就需要重叠套准，这个过程就叫做“套印”。

套准线的设置：当设计稿需要两色或两色以上的印刷时，就需要制作套准线，套准线通常设置在版面的四角，呈十字形或丁字形，目的是印刷时套印准确。所以为了做到套印准确，每一个印版包括模切版的套准线都必须准确地套准叠印在一起，以保证印刷制作的质量。

### 十、叠印

什么情况下需要叠印？

单色黑多数情况下要叠印，黑字黑线等，主要是防止出现套印不准的问题。必须是一种颜色“压印”在另一种颜色上不变色，100%的黑色也就是K100是唯一可以成功叠印的色彩。

叠印与压印是同一个意思，也就是一个色块压印在另一个色块上。需要注意的是：叠印（压印）不变色，叠加（套印）变色。

尤其要注意黑色文字在彩色图片上的叠印，一定不要将黑色文字下面的图案掏空，不然印刷套印不准，黑色文字将会露出白边。

比如用Photoshop设计制作的一个彩页，文字用的K100，但送到输出中心之后，被告之黑字没有叠印，即黑色文字的位置在其他色版上是镂空的，会因为套印不准而露白。

在Photoshop中，叠印选择正片叠底。比如黑色文字叠印，也就是将黑色文字所在图层的图层模式改为正片叠底，如此黑色文字在其他色版中将不会出现镂空的现象，因而也就不会出现露白的情况。在AI、ID、CDR软件中叠印选择叠印填充。

Illustrator软件做叠印填充,在窗口里面打开属性面板，选择叠印填充就行。选择之前务必先选中需要设置的文字，这个十分重要，不然选了叠印填充也是白选。可以通过窗口里面的分色预览查看。

InDesign软件做叠印填充，路径是窗口→输出→属性，选择属性面板里的叠印填充。

CorelDraw点击对象菜单里的叠印填充。

## 十一、掏空

如果在黄色背景上压上一行蓝色的文字，那么该CTP版或菲林的黄色版上，蓝色文字所处的位置区域必须是空白的；反之蓝色背景上压有一行黄色的文字，蓝版也是如此。

如果在黄色背景上压上一行黑色的文字，那么在该CTP版或菲林的黄色版上，黑色文字所处的位置区域就不用掏空而可以叠印。

## 十二、四色文字问题

四色文字是一个经常遇到的问题。输出前必须认真检查出版物文件内的黑色文字，特别是小字，是否只在黑版上出现而不会出现在其他三色印版上。如果出现在其他印版上，印刷成品的黑色文字将会有重影。如果将RGB颜色模式转为CMYK颜色模式，黑色文字会变为四色黑，一定要将其处理为单黑。此外尽量要养成用Photoshop做底图，用矢量软件打字的良好习惯，这样印刷好的成品文字就不会出现锯齿。

## 十三、陷印

陷印是指一个色块与另一个色块的交界处，为了避免印刷时露出白底而应有一定的交错叠加，也叫补露白。

如果两种颜色不做陷印，在印刷的时候可能会有偏移而露出白底，陷印就是在两种颜色交界的地方用这两种颜色相互渗透一点。实际上，陷印的出现是为了弥补印刷机的不足。每当纸张以高速或者低速滑过印版时，会发生轻微的偏移和拉涨，而在吸收了润版液和油墨后，纸张的尺寸也会改变。若只印一种颜色，则允许有细微的偏差，但是如果印刷多种颜色，色彩之间需要套准，这是极度困难的，除非在两个颜色相交的地方设置陷印，否则颜色相交的地方难免会露出一小条白边。

为了使图形与其背景相结合，就必须扩大图形或者缩小图形背景空间，如此两者之间便会形成一个极小的交叠，就是所谓的陷印，也就是两个油墨颜色交叠而遮盖了露出的白边。陷印无法纠正印刷套准，但它能用油墨掩盖套印不准的地方。

最基础的陷印结构是内缩与外延，对于陷印的概念，最直接的理解就是收缩与扩展。内缩是将物件的容纳空间减少，缩小其让空，有时也称为收缩或变瘦。而外延则正好相反，有时也叫作扩展或变胖，是将物体变得稍微大一点。通常陷印采用内缩或者外延，取决于前景色比背景色深还是浅，大家一般比较喜欢调整浅色物件的形状，因为其周边比深色物体的视觉重量要轻。色彩的扩展方向一般根据该颜色是亮还是暗，通常从亮色延伸到暗色是内缩与外延的基本规律。应用陷印时要尽量保持对象不变形，经过将亮色延伸到暗色，交叠部分对眼睛来说肯定不太明显。若是移动暗色，对象形状的改变就会相对明显。陷印适合多色套印的小字体、小图形、线条、专金和专银部分等；大面积的颜色一般不用陷印，套印就可以。陷印的边缘最好在0.2pt以上。

### 十四、反白文字

文字的颜色浅于版面上的底色，即文字形象是通过深色的底色衬托出来的，称为“反白字”。反白字中对比度最强烈的是黑底白字。

由于反白字是通过深色印底反衬文字的笔划线条，从印刷技术上来讲是在纸张底板上印上油墨，文字部分做留空白或套印浅色处理。在印刷过程中，由于技术上的原因，油墨具有一定的扩散性和渗透性，容易向白色的文字笔划部分渗进。如果底色为两种以上的颜色套印时，套印中的误差会使文字笔画的边线缩小和模糊不清，甚至发生被“吃”掉的质量问题。因此在印刷设计中使用反白字，要注意如下问题。

一是字体选择：一般选择等线体类的字体如黑体、圆线、综艺等，而不使用宋体、楷体、英文中的罗马体等笔画较细或粗细变化大的字体。

二是文字大小：反白印刷的文字不能太小，应该在10.5pt以上。文字越大，反白的效果越好，视觉冲击力越强；文字越小，不仅不会加强视觉冲击力，反而会增加阅读识别的困难。

三是颜色组合：反白文字的底色应尽可能单纯，如黑色或专色印底，尽量少叠加颜色，能用两色完成的绝对不要使用三色。另外文字和底色的明度和色相也以对比强烈为宜。

四是文字多少：反白文字在印刷设计中主要应用在文章的标题和重点内容部分，起强调和突出的作用，不宜大段文本使用。大段使用极易产生视觉疲劳，影响阅读效果。



## 十五、黑墨的局限性

（一）深黑

这种黑色是由黑色和另一种印刷油墨组成，可以在图像或页面编排软件或所需要的任何地方定义并采用它，增加第二种油墨就是增加黑墨的浓度，使它看上去更饱满、更黑。在以下两种情况下实施深黑色是适当的：当对象的边缘是方形时；当黑色方形跨在其他图像上时。

习惯上，可以通过用60%的青（底色）和100%的黑组成的新颜色来创造黑色。如果有相邻色，可选择一个底色和周围的图像区建立部分原色过渡。品红或黄都可能是好的选择。



（二）超黑

超黑是由黑色再加上3种底色代替一种底色：50%的青、50%的品红、50%的黄和100%的黑色，这样就可以得到最深、最令人满意的套印黑色，并且可以在印刷中使用。超黑并不适合任何情况。如果考虑在文件中使用超黑，首先要和印刷人员商量，超黑墨的密度可能太高，无论是纸张的标准还是印刷压力都要满足实用性，等待油墨干燥要用很长的时间，就像油墨渗透通过新闻纸一样是个麻烦事。

## 十六、专色

专色是指印刷时不通过四色合成，而是专门用一种特定油墨印刷的颜色。

专色油墨覆盖性强，不透明，印出来的颜色是实的。专色的色域很宽，超过RGB，基本上看到的颜色都可以调成专色。

（一）什么情况下用专色

1.如果文件只有一两种颜色，那么，把颜色分别改为专色能更好地节约成本，因为制版时一个专色一个印版，如果用四色印刷，就要出C和Y两个印版，如果用专色印刷，只需出一个印版（图5-6）。

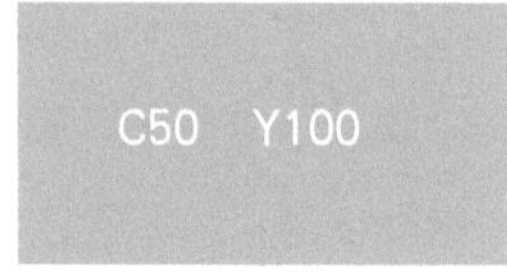


图 5-6

2.文件颜色都是同一色调

当文件都是同一色调渐变时，一个专色版就能解决了，渐变的地方挂网处理就行了（图5-7）。

图 5-7

挂网就是印刷时颜色产生网点的比例。100%油墨覆盖率的网点称为“实地”；挂网50%是指油墨覆盖率50%，也称“5成网点”；挂网30%就是油墨覆盖率30%，也称“3成网点”；覆盖率10%的网点称为“1成网点”；覆盖率为0的网点称为“绝网”。值得注意的是，挂网最好不要低于5%，太少的网点实际印刷成品是看不出有颜色的。

3.使成品更有档次

很多设计师都喜欢用专金专银色，因为金银色比较显高档。普通四色是印不出金银色的，因为金银色是有金属反光效果的。

（二）怎么选专色

1.PANTONE

PANTONE是美国著名的油墨品牌，已经成为印刷色彩的标准。PANTONE将其生产的所有油墨做成色谱颜色代码，PANTONE的色码因其精确的颜色比例而成为公认的颜色交流语言。用户需要某种颜色，只需根据颜色代码进行选择即可。

由于PANTONE色彩图标被广泛使用，计算机设计软件都有一个PANTONE色彩库，可以用来定义颜色。PANTONE的每种颜色都有其唯一的编码，可直接选择PANTONE色编码，或者通过在计算机中输入编码自动找到相应的颜色。

PANTONE编码后面的字母有C和U两种，C表示Coated(涂布)，U表示Uncoated（无涂布）。印刷常用的纸质一般分为两种，一种是表面光滑的涂布纸，另一种是表面无光泽且不光滑的无涂布纸，C代表光面涂布纸的印刷效果，U代表无涂布纸的印刷效果。由于纸质不同，C的颜色会鲜亮一些，U的颜色则略暗沉一些，相对来说C的使用率更高一些。

2. 四色转换成专色

四色中任何颜色都可以转换成专色来印刷，把你想要做成专色的颜色在色板里定义成专色，或者在文件上标注清楚，只要印刷厂能看明白便可。

3. 现成的色样

已经印好的一些印刷品，剪下一块想要的颜色当色样，让印刷厂照着这个颜色调色。

（三）如何使专色画面有层次感

1. 单色矢量图挂网

当图片只是单色时，全部100%实地印刷画面可能会单调，挂网能让画面层次感突出。文件是矢量图只需要调整部分区域的透明度，画面层次就会丰富很多。

2. 单色位图挂网

当图片是彩色时，拆色很麻烦，有个很简单的办法，只需要在Photoshop里把文件模式改为“灰度”模式，图片会变成黑白色，重新保存后导入Illustrator，即可任意填充你想要的专色。

3. 双色矢量图挂网

当文件是两个专色时，色彩会丰富一些，但是如果局部挂网，交错使用，色彩感会更强，两个颜色也可以印出四色的感觉。

4. 双色位图挂网

单色的位图一般作为底图，通常会搭配一个主题，主题是另外的颜色。如在一个单色底图上加一个专金色做主题，层次感马上突显，效果更完美。

（四）金属专色

基本的金属专色有三种：红金、青金和银。

当金银在印刷时和四色叠印，不同的印刷顺序会产生千变万化的颜色效果。关于四色加金银的叠色，有专门的叠色手册介绍。

可以先印金银色，以金银色为衬底，在上面印四色。也可以先印四色，以四色为衬底，在上面印金银色。

有些设计师在设计封面时，喜欢金色或银色的大实地，图片变成单黑色，叠加在金银色上，单黑色只有一个K版，上机过程中很容易调整油墨；也可以在金银色大实地上印四色图片。四色油墨是透明的，可以看到下面的金银色；而金银印在四色上，四色就被盖住了。也可以挂网印金银色，既能印上金银色，下面的四色又不会全覆盖。

也有些设计师在设计封面时，喜欢四色的大实地，上面印金属色的文字。这时需要叠印金银色文字，因为金银色是实的、不透明的。

## 十七、磅和中文字号的关系

美国人习惯于用“磅”作为文字的计量单位，磅制又称点制，从英文“point”音译而来，一般用“p”或“pt”来表示。1pt=0.350mm。而中国人却习惯用字号作为文字的计量单位。字号越小，字体越大。它们的对应关系是：

| | |
|---|---|
| 初号 = 42pt = 14.82mm | 小初 = 36pt = 12.70mm |
| 一号 = 26pt = 9.17mm | 小一 = 24pt = 8.47mm |
| 二号 = 22pt = 7.76mm | 小二 = 18pt = 6.35mm |
| 三号 = 16pt = 5.64mm | 小三 = 15pt = 5.29mm |
| 四号 = 14pt = 4.94mm | 小四 = 12pt = 4.23mm |
| 五号 = 10.5pt = 3.70mm | 小五 = 9pt = 3.18mm |
| 六号 = 7.5pt = 2.56mm | 小六 = 6.5pt = 2.29mm |
| 七号 = 5.5pt = 1.94mm | 八号 = 5pt = 1.76mm |

Photoshop、InDesign软件使用“点”为单位，Illustrator、CorelDraw软件使用“pt”为单位，其实都是同一个意思。

相同字号不同字体，显示的大小会不一样，比如楷体就比同字号的宋体和黑体小一些，有时我们会特意放大一号来使用。就胶版印刷而言，10.5pt的字是书刊常用字号，6pt的字是正常阅读范围最小字号，5pt或4pt也能看清，3pt就比较吃力了。而且3pt的字在印刷机上如果压力过大，根本印不出笔画。电脑显示效果和实际印刷成品会有一定的误差，初学设计者往往把字体设置得很大。

下面是常用的黑体、宋体、楷体字号的实际印刷效果，希望大家可以对比参照。

黑体：

初号　42 磅

小初　36磅

一号　26磅

小一　24磅

二号　22磅　　小二　18磅

三号　16磅　　小三　15磅

四号　14磅　　小四　12磅

五号　10.5磅　　小五　9磅

六号　7.5磅　　小六　6.5磅

七号　5.5磅　　八号　5磅

宋体:

初号　42磅

小初　36磅

一号　26磅

小一　24磅

二号　22磅　　小二　18磅

三号　16磅　　小三　15磅

四号　14磅　　小四　12磅

五号　10.5磅　　小五　9磅

六号　7.5磅　　小六　6.5磅

七号　5.5磅　　八号　5磅

楷体:

初号　42磅

小初　36磅

一号　26磅

小一　24磅

二号　22磅　　小二　18磅

三号　16磅　　小三　15磅

四号　14磅　　小四　12磅

五号　10.5磅　　小五　9磅

六号　7.5磅　　小六　6.5磅

七号　5.5磅　　八号　5磅

## 十八、生僻字的制作

书籍设计时经常会遇到一些生僻文字，在所有的字库里都查找不到，遇到这种情况就需要进行“造字”。简单快捷的方法有以下两种。

一是在ID排版软件中直接造字。如果该字只是两个字的左右或上下拼合，并且这个字的左右结构或上下结构在电脑字库中都有，只需将两个字输入在一起取其左右或上下，调节半个字的宽度或高度，再编组组合成一个新字放入文本中便可。

二是如果所需造字的结构比较复杂，就要在矢量软件中进行处理。AI和CDR软件都可以很方便地进行造字处理。制作的方法是先将有关相近笔画或结构的文字输入到一个页面，将它们转换为路径打散，然后将所需的笔画或部首进行重组编组，存储为EPS文件格式，再置入到ID排版软件。制作的文字尽量字体风格、大小及笔画粗细与所配文本一致，放置位置准确，与所配文本文件连接在一起，以免在文本块的移动和调整中移位或丢失。

## 十九、印前检查

（一）交付印刷前应注意的问题

检查文件的尺寸是否正确，有没有预留3mm的出血位；确定图片精度是否为300dpi（像素/英寸）；确定图片模式是否为CMYK模式，黑白图像一般为灰度模式。也许有人说，我的图片是RGB模式也能印刷。没错，制版时会将文件转换成CMYK模式，然而RGB的色域大于CMYK，转为CMYK后颜色会暗沉一些，印出来的成品有色差。

作为链接图确定图片格式为TIFF格式；确定实底如纯黄色、纯蓝色等无其他杂色；文件最好以一个未合层的PSD备份以方便修改。尽量不要在Photoshop内完成图片的文字说明，因为文字转换成图片格式就会有锯齿。在印刷文件中，单黑色文字运用比较广泛，检查这些字的色值是不是C0、M0、Y0、K100，即通常所说的单黑。如果CMY色值不是0，印刷后会出现偏色或套印不准的重影。

软件Photoshop的操作通常仅限于图像范畴。假如设计制作一个印刷页面，那么最好使用不同的软件来处理图像、图形和文字。

（二）如何最大限度避免印刷后颜色的偏差

1.多观察色谱

作为平面设计师应该有一本4色色谱，设计好成品后，把握不准的颜色用色谱对照，以色谱为准，尤其是大面积实地。

2.打样

打样的目的主要有以下两点：一是检查设计稿的质量，例如原始色调与色彩的再现度是否符合要求，版面的尺寸大小、布局、文本图像的排列及规矩线等是否准确，是否有遗漏等，如果有错误就要进行修正。二是为正式印刷的样张或基本印刷提供参数，比如油墨颜色、网点再现范围等，能够使印刷实现标准化、规范化的生产操作。

现在印刷厂一般用数码打样来校对确认颜色，专业数码打印的成品接近印刷效果80%以上，大概能做到心中有数。实在不放心，只能和印刷厂约好上机跟色。现在有些包装厂仍使用传统的机械打样。

值得一提的是，不要用办公用打印机来校色，办公用打印机打印出的图片偏色很严重，特别是蓝紫色调，与实际印刷偏差很大。

## 二十、拼版

设计好的文件在正式输出之前必须根据工艺要求进行整理和拼版，称为拼大版。拼几开版，取决于印刷厂是几开的印刷机。之所以要拼版，是因为平板（胶版）印刷机在印刷时纸张必须翻过来印刷另一面。如图5-8所示，套版印刷，需要两套PS版，印完正面再印反面。如图5-9所示，自翻版印刷，只需要一套PS版，又分为左右翻与天地翻。

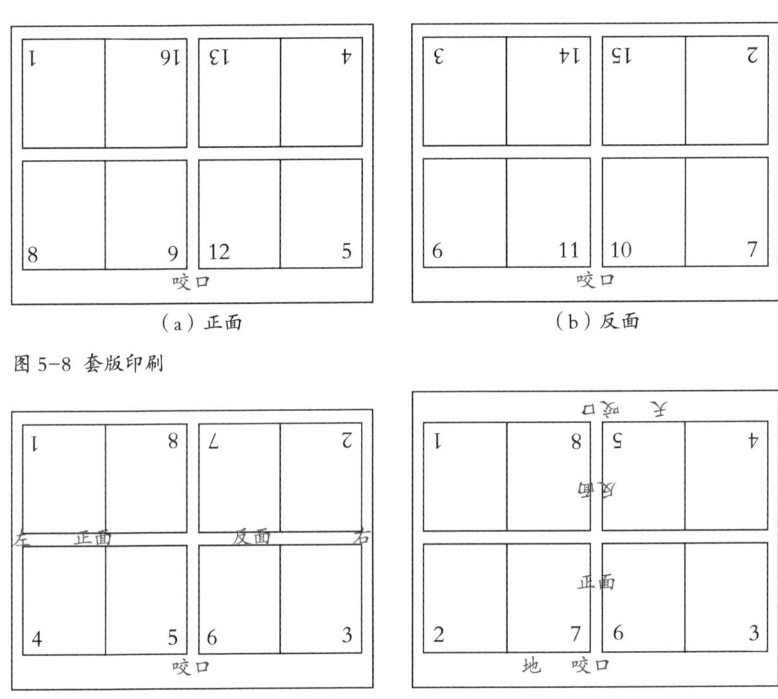


（a）正面　（b）反面

图 5-8 套版印刷

（a）左右翻　（a）天地翻

图 5-9 自翻版印刷

现在有专门的拼版软件，印刷厂或输出中心会有专门的制版人员进行拼版。不建议初学者自己拼版，因为拼版方式的确定要考虑印刷机结构、裁切、装订等一系列问题，是一项具有相当技术含量和难度的工作，具有严格的专业规范和科学性。只有对印前、印刷和印后工艺全面了解并具有丰富实践经验的专业技术人员才能真正胜任这一工作。

# 第六章　书籍印后加工工艺

印后加工工艺对于书籍设计制作来说是至关重要的，印后工序准确与否将直接影响书籍成品的质量。而设计师只有掌握了印后加工的相关知识，了解了不同的加工工艺效果，才能准确地预期书籍的成品效果并进行合理的设计。

书籍设计的印后加工工艺主要包括装订与表面整饰处理。

## 第一节　书籍装订工艺

将印好的封面、书页、书帖加工成册，称为装订，可细分为订和装两大工序，订是指对书芯的加工处理，也就是把书页订成本；装是指对书籍封面的加工处理。装帧分为简装与精装，装帧形式一般包括平装本、骑马钉（又称骑马订）、精装本、线装本，如图6-1 ~图6-7所示。

图 6-1 平装本（一）

图 6-2 平装本（二）

图 6-3 骑马钉（一）

图 6-4 骑马钉（二）

图 6-5 精装本

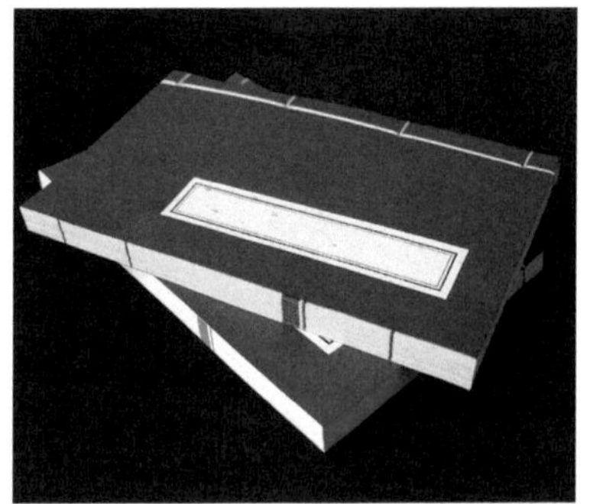

图 6-6 线装本（一）

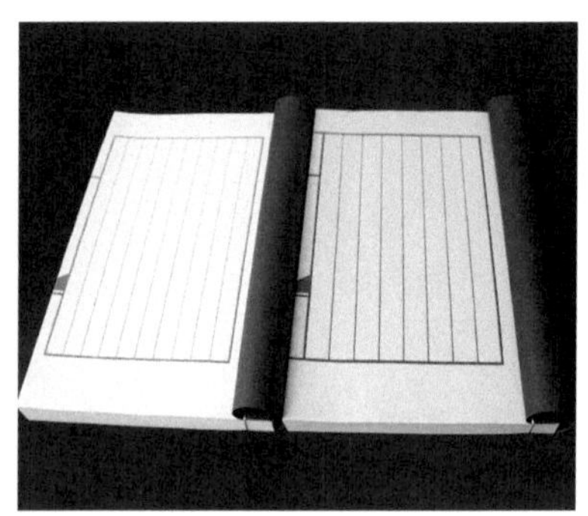

图 6-7 线装本（二）

书刊装订中应用比较普遍的装订形式是无线胶粘订、有线订与铁丝订。其中铁丝订又包括骑马钉和铁丝平订；有线订包括三眼订、线装订、缝纫订、锁线订、塑料线烫订。另有打孔装、活页装等。如图6-8 ~图6-14所示。

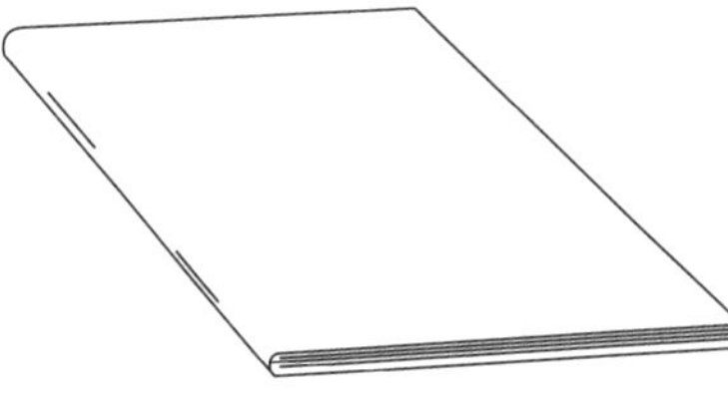

图 6-8 骑马订

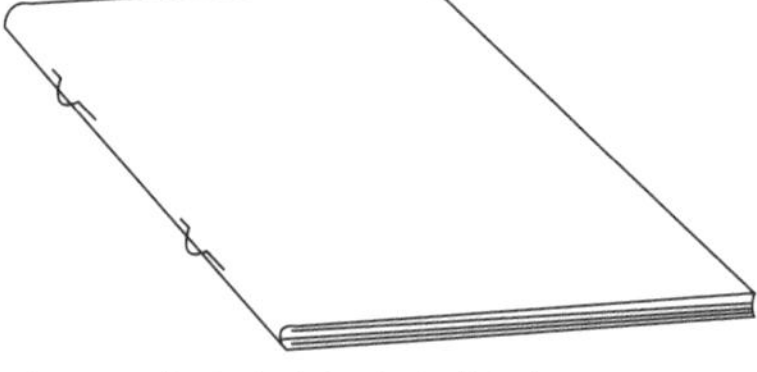

图 6-9 外圈骑马订（蝴蝶订）

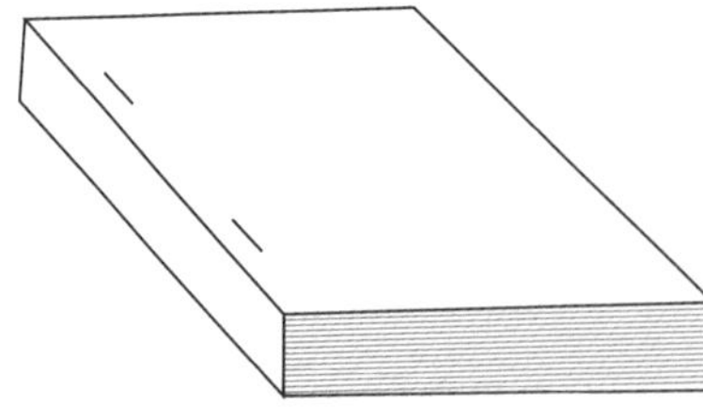

图 6-10 平订

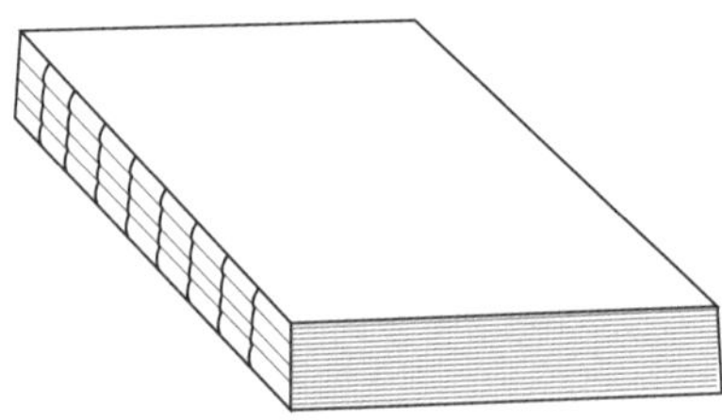

图 6-11 锁线订

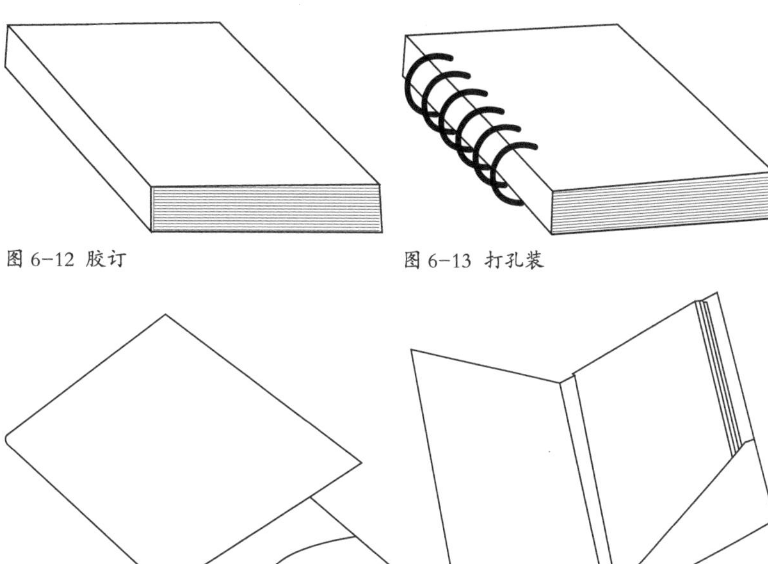

图 6-12 胶订

图 6-13 打孔装

图 6-14 活页装

打孔装又有双线铁圈装（图6-15），多用于画册、台历、挂历、笔记本等；OY活页夹装（图6-16、图6-17），多用于样本、VI手册等；另外还有螺旋圈装、塑料胶圈装、夹条装、O形圈装、子母钉装等，如图6-18～图6-23所示。

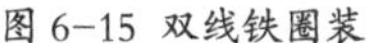

图 6-15 双线铁圈装

图 6-16 OY 活页夹装

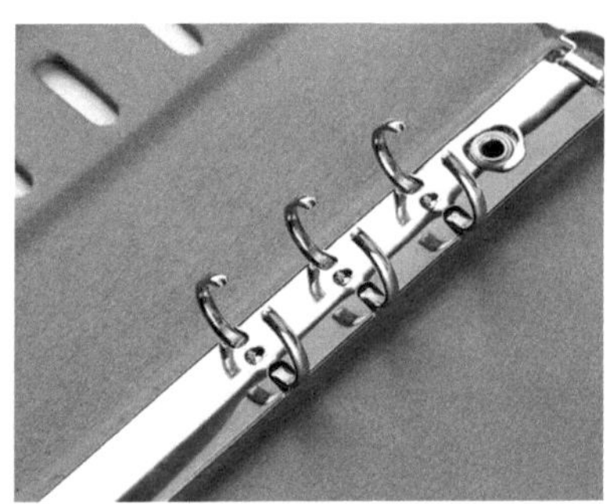
图 6-17 OY 活页夹

图 6-18 螺旋圈装

图 6-19 塑料胶圈装

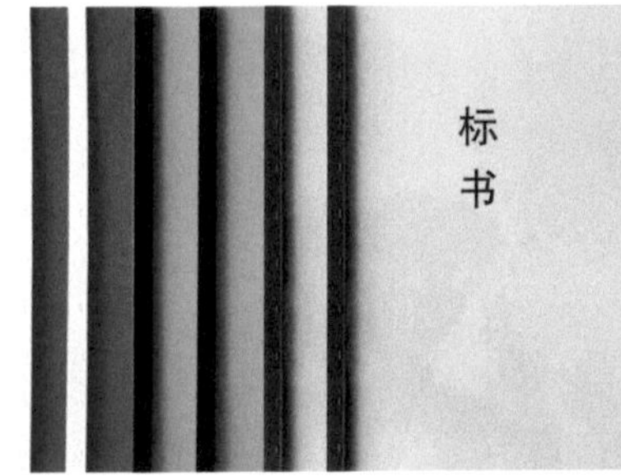

图 6-20 夹条装

图 6-21 夹条

图 6-22 O 形圈装 马一宸绘制

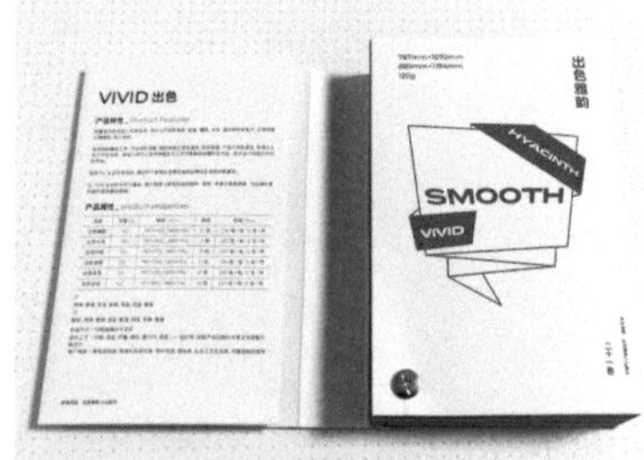

图 6-23 子母钉装

## 一、平装书的装订工艺

平装是书籍常用的一种装订形式，分为书芯加工和包封面。

平装书的工艺流程为：

撞页裁切→折页→配书帖→配书芯→订书→包封面→切书。

从撞页裁切开始到订书为止是书芯的加工步骤。

（一）撞页裁切

通常是指在撞齐印刷好的大幅面书页的基础上，再利用单面切纸机将书页进行裁切，使其符合尺寸要求。

（二）折页

根据页码顺序和规定的格式把印好的大幅面书页折叠成书帖的过程，称为折页，分为机械折页与手工折页。目前常见的折页机械包括刀式折页机、栅栏式折页机、栅刀混合式折页机。

1.平行折页法

折叠的书贴折缝相互平行，适合用于折叠纸张较厚的书页，多用于折叠长条形的页张和纸张较多的儿童读物、字帖、地图等。有对折、包心折、风琴折、双对折和地图折等，如图6-24所示。

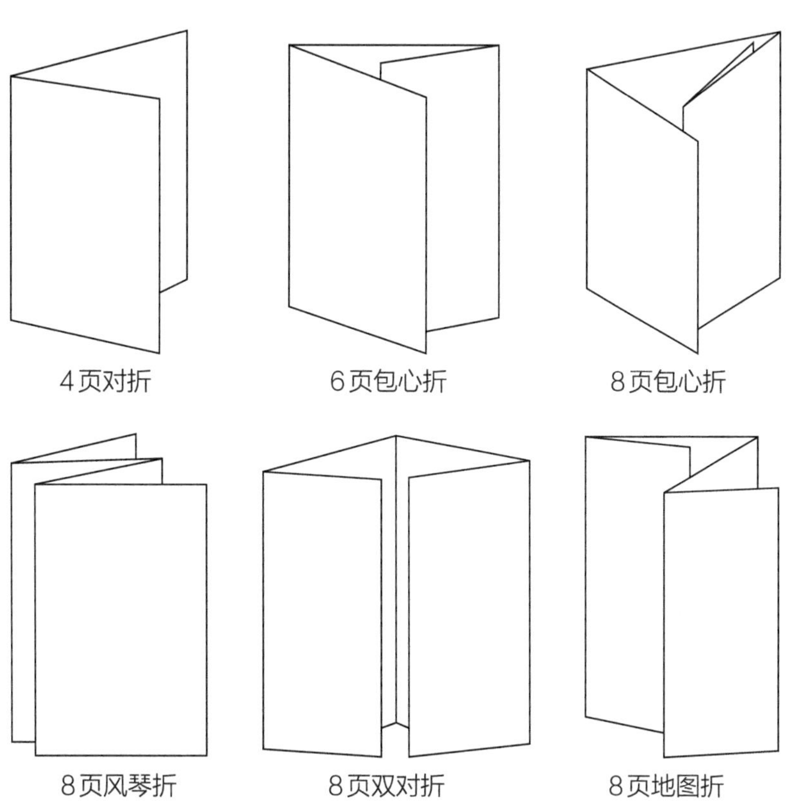


图 6-24 平行折页法

2. 混合折页法

是指在同一个书帖里，折缝既有平行又有垂直的折页方式。该折页法大多出现在采用机械折页的书帖中，既有正折页、又有反折页；既有单联折、又有双联折（图6-25、图6-26）。

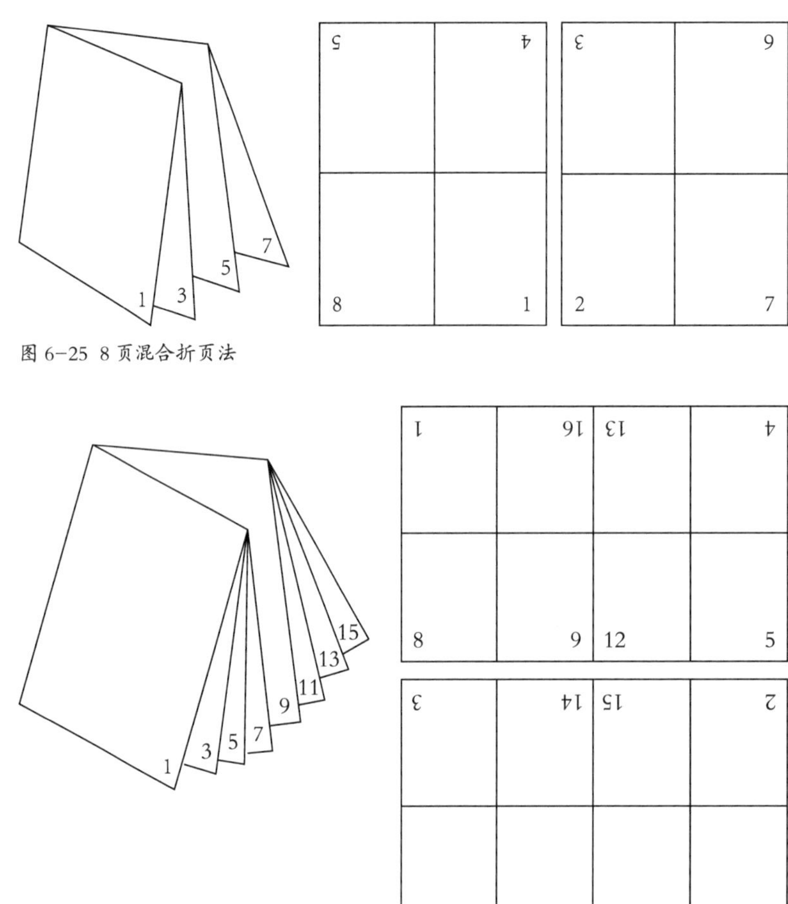


图 6-25 8 页混合折页法

图 6-26 16 页混合折页法

（三）配书帖

把零散的书页或插页根据页码次序套入或粘贴在某一书帖中。

（四）配书芯

依次将整本书的书帖配集成一本书的过程叫配书芯。有套帖法和配帖法两种方法。

1. 套帖法

按照页码次序将一个书帖套在另一个书帖中间，形成只有一个帖脊

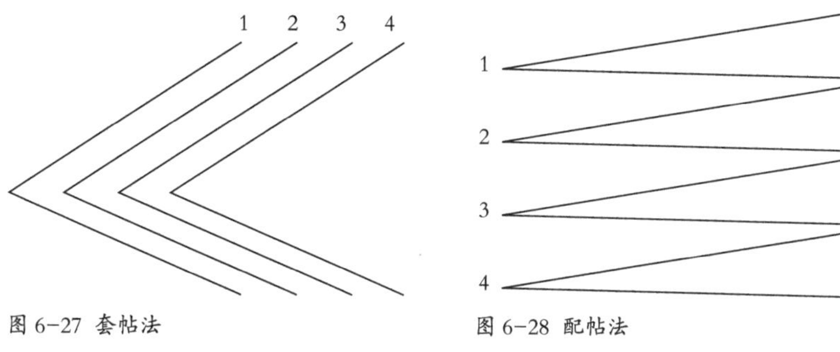


图 6-27 套帖法

图 6-28 配帖法

却可以包括两个或多个帖厚的书芯，最后将封面套在书芯的最外面，如图6-27所示。这种方法适用于相对较薄的期刊和杂志。

2. 配帖法

按照页码次序将各个书帖逐一堆叠，形成一本书的书芯，用于订本后装帧封面，如图6-28所示。这种方法常用于平装书或精装书。

配帖可以用手工，也可以用机械完成。在印刷时为了防止配帖匹配错误，每一印张的帖脊处都会印上一个叫做折标的小正方形。书芯经过配帖以后，在书背处便会形成阶梯状的标记，工作人员可以通过对梯形序列进行检查，来发现和纠正配帖的错误。

经过上述配帖过程的书帖通常被称为毛本。为了避免书帖散落，除了锁线订以外，一般会撞齐、扎捆后在毛本的脊背上刷一层薄薄的胶水或糨糊，等待干燥后再一本本地分开，然后进行订书。

（五）订书

订书是指将书芯中的各个书帖紧密牢固地连接在一起的工艺过程，平装胶订应用比较普遍的方法有胶粘钉和锁线订。如图6-29所示为骑马订与平装订的比较。

1. 胶粘订

通过胶黏剂将书帖或书页粘合在一起制作成书芯。一般情况下，先把书帖配好页码，然后经过撞齐，在书脊上锯出凹槽，或者铣毛打成单张，再用胶黏剂将书帖粘接牢固。这一方法制作的书芯比较适合平装或者软精装，如图6-30、图6-31所示。

2. 锁线订

锁线订是指将配好的书帖按照次序用线一帖一帖地串联起来。该方法通常用锁线机进行锁线，对书籍的厚度包容度极高，成书结实且翻阅

图 6-29 骑马订、铁丝平钉、胶粘订、锁线订

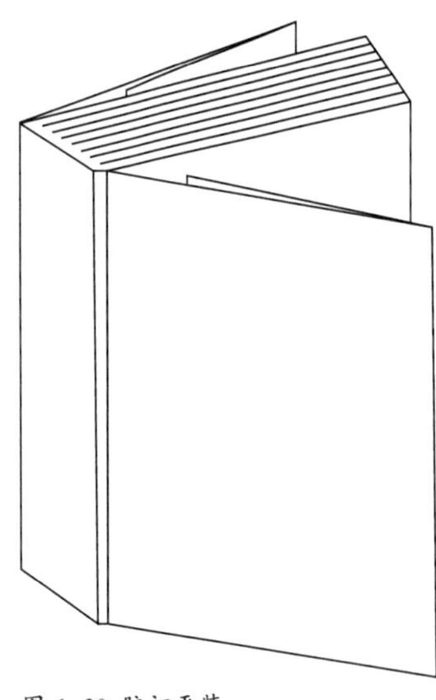

图 6-30 胶订平装

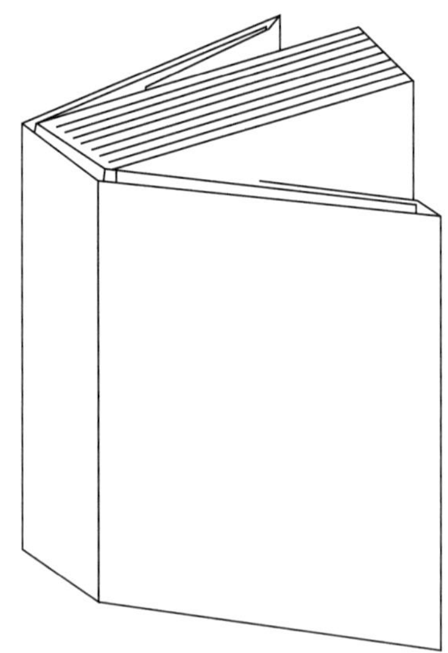

图 6-31 胶订软精装

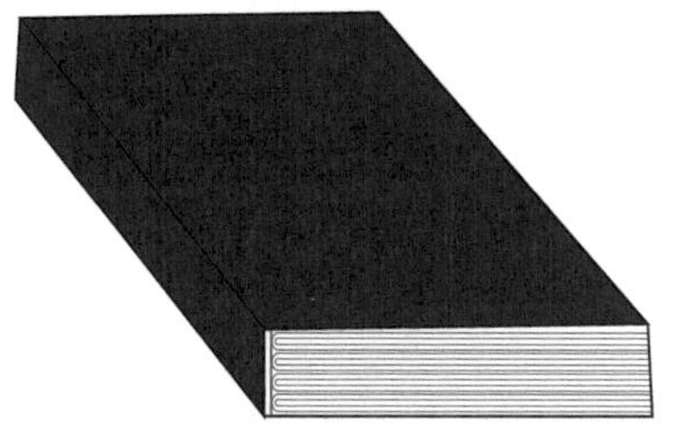

图 6-32 锁线胶装

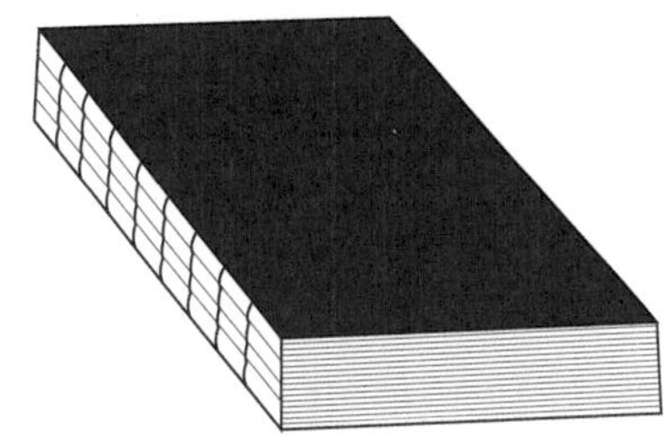

图 6-33 锁线裸背装

方便，但是订书速度相对比较慢。锁线订又有锁线胶装与裸背装之分，如图6-32、图6-33所示。

（六）包封面

包封面也称包本或上皮。书芯经过折页、配帖、订合等一系列加工工序，包上封面，就成为常见的平装书籍的毛本。

常见的包封面有机械与手工两种。手工包封面分为五道工序，包括折封面、书脊背刷胶、粘贴封面、包封面、刮平等，目前除了特殊的开本与形态以外，很少使用手工包封面。

机械包封面使用包封面机，一般有长式包封面机与圆盘式包封面机两种。机械包封面的方法是将书芯背脊朝下放入机器书槽内，随着机器的旋转，书芯经过涂胶槽，槽内黏附着胶水的圆形涂胶轮，在书芯的第一页与最后一页靠近书脊的边缘部位涂上胶水，然后书芯继续随机器旋转，来到包封面的位置，机器会将最上面的一张封面与书芯粘合。继而再转到加压的部位，经过加压后书籍自行落到出口，由工作人员收集成叠，放进烘背机里加压烘干，用来保证书页的平整。

（七）切书

上了封面的书待干燥后，进行三面刀切齐称为光本。根据开本的规格尺寸，用切书机把上好皮的毛本书将天头、地脚、切口裁切整齐，毛本就转变为成书。

裁切书籍也是借助裁切机械完成的。目前常见的裁切机器包括单边切纸机和三边切书机两种。其中三边切书机用来裁切各种书报杂志，其上安装了三把钢刀，可以根据书籍开本的大小调整钢刀的位置，裁切尺寸不受局限，操作时只需要按下联动装置，书籍切口、天头与地脚处的三面毛边都将消失，被切成整齐的边缘。用单边切纸机加工，常称为开料；用三边切书机加工，称为切书。

书籍裁切好之后，必须逐册进行检验，避免出现折角、白页、污渍等问题，防止质量不合格的成书出厂。这是平装书的装订过程，通常利用手工或单机操作方式。

在实际工作中，还会采用联动机进行装订，从而加快生产速度，改善装订质量。

**＊胶粘订联动机**

在生产中可利用无线胶订联动机完成配页、撞齐、铣背、锯槽、打毛、刷胶、粘纱布、包封面、刮背成型、切书等一系列作业，自动化程度很高。有的胶粘订联动机不具备配页功能，需要人工输入书芯和封面，有的用热熔胶粘合，有的用冷胶粘合。

## 二、骑马钉的装订工艺

撞页裁切→折页→配书帖和封面→订书→切书。

一些企业画册内容不多，由于画册较薄，没有书脊，采用无线胶装不太好看，所以常采用骑马订的装订方式。

骑马钉一般采用 N×4 页的拼版图，如图 6-34、图 6-35 所示。



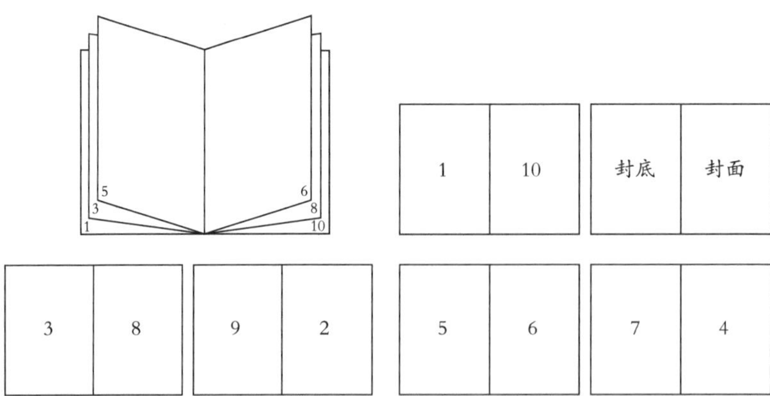


图 6-34 12P 画册

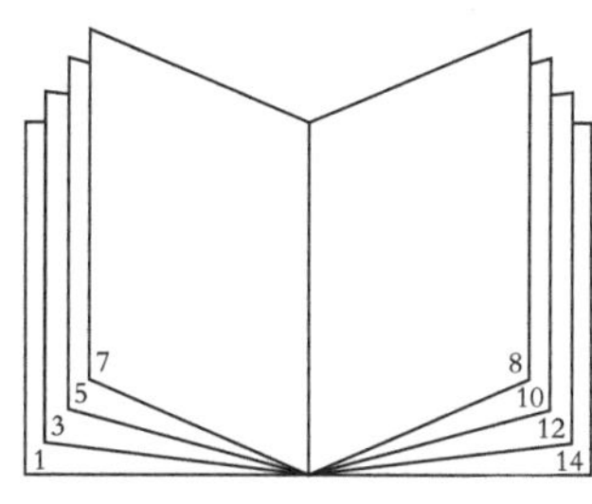

图 6-35 16P 画册

**＊骑马装订联动机**

骑马装订联动机又称三联机，该机器的组成部分包括滚筒式配页机、订书机和三面切书机，能够实现套贴、封面折与搭、订书、三面刀切书和叠积计数后输出等连续五道工序的自动化，并配有自动检测设备。

## 三、精装书的装订工艺

精装是现代书籍的主要装订形式之一，是装订加工中较为精细的一种装订方法，装订过程复杂。

精装书一般以硬纸板为书壳，表层用纸、布、麻、丝、漆布等材料经过装饰加工，再烫印上彩色的文字或图案，制作成硬质封面。

书芯经过加工后，书背有的为圆弧形，有的是平直形，与硬质封面结合在一起，构成挺括、美观、结实且翻阅方便的精装书。

精装书的装订包括书芯的制作、书壳的制作、上书壳三大工序。

精装书的制作工艺流程：

接收印刷页至撞页裁切→折页→粘套页→捆贴→配书贴→锁线→半成品检查→压平→捆扎→刷胶→干燥→压紧定型→

分本→裁切半成品→扒圆→起脊→刷胶→粘纱布→粘堵头布和背纸→上书壳→压槽→定型。

（一）书芯的制作

加工精装书书芯的工艺在前半部分与平装书并无差异，包括裁切、折页、配帖、锁线与切书等。在后半部分，精装书芯需要进行一些基于书芯构造的特别处理，这一过程与书芯的结构有关。

根据装帧形式，精装书的书芯分为圆背书脊和方背书脊，如图6-36、图6-37所示。

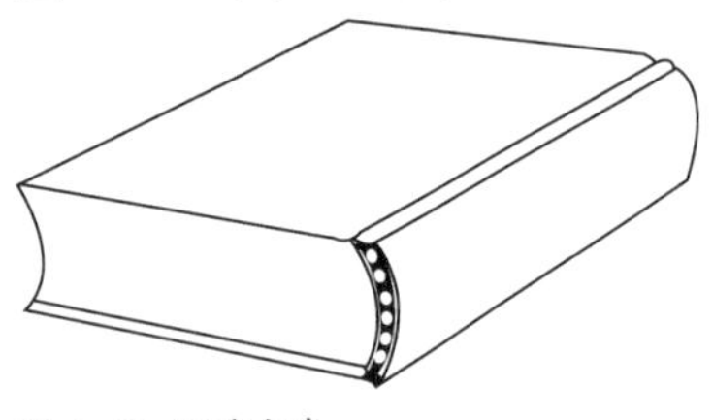

图 6-36 圆背书脊

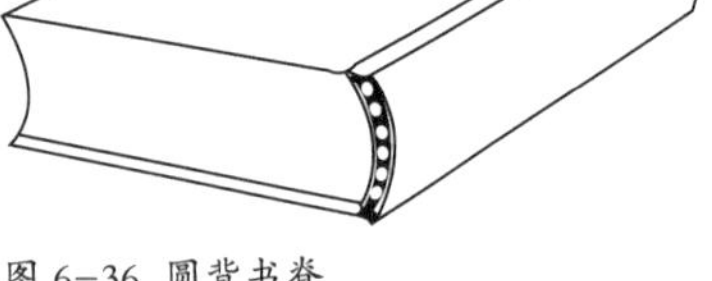

图 6-37 方背书脊

圆背书脊的特点是前后书贴的折叠部分稍作半圆形，均匀形成一个弧面使得厚度得到平衡，书芯的切口是与书脊的凸圆形相对应的凹弧。圆背书脊通常被运用于页码较多的精装书。圆背书脊采用扒圆工艺加工而成，圆背又分为圆背有脊和圆背无脊两种，其中圆背有脊扒圆起脊，起脊的高度一般与书壳的纸板厚度相同，圆背无脊只扒圆不起脊。

方背书脊的特点是书脊的厚度大于书芯，且页码越多越明显，这是由于在方形书脊的制作过程中，书芯需要折叠并且锁线。正是由于该特性，方背书脊不宜太厚，通常适用于厚度低于20mm的精装书。

圆背有脊形式的书芯是在平装书芯的基础上，经过压平、刷胶、干燥、裁切、扒圆、起脊、刷胶、粘纱布、再刷胶、粘堵头布、粘书脊纸、干燥等程序制作完成；圆背无脊形式的书芯制作就不需要起脊。书芯为方背无脊形式，就不需要扒圆。但有些加工如刷胶、粘纱布、粘堵头布、粘书脊纸等还是基本相同的。另有柔背、硬背、腔背之分，如图6-38所示。

书芯制作步骤如下：

1.压平

压平是指通过压书机将书页间的气流排出，从而使书芯结实平整，厚度均匀一致，以保障书籍的装订质量。精装书的压力可以略微小一

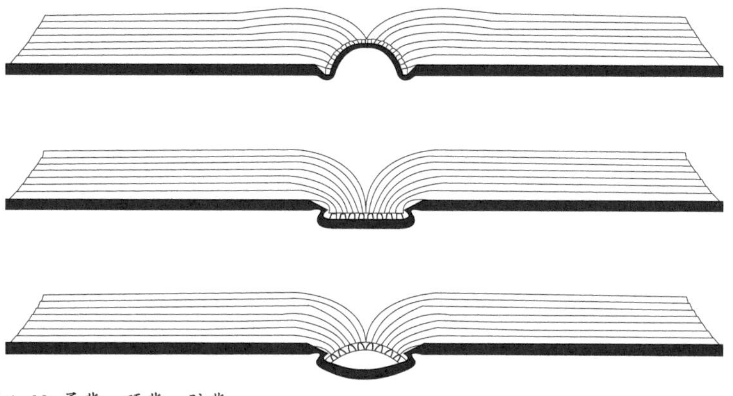

图 6-38 柔背、硬背、腔背

些，特别是圆背书芯，有利于后续扒圆加工。

2. 刷胶

刷胶是将书芯固定的必要程序，用以保证后续的处理程序中书帖不会出现位移。目前书芯刷胶分为手工和机械两种，刷胶时胶料较稀薄为佳。精装书背刷胶有专用的书背胶，干后有一定的韧性。

3. 裁切

等待刷胶干燥后，就要裁切书芯，使其变为光本书芯。

4. 扒圆

扒圆是指将书芯从平背加工成圆背的过程，圆背书芯的制作离不开这一程序。经过扒圆的书页可以互相错开，便于翻阅，同时增加书芯的牢固度以及书芯同书壳的连接程度。扒圆分为人工和机械两种，要求书芯圆背的弧度应在90° ~ 130° 之间，扒圆起脊后的书芯四角应垂直，书背无折皱和破衬。手工扒圆书背圆弧不均匀，一般极少采用。

5. 起脊

利用夹板通过人工或机械将书芯夹紧夹实，在书芯的正反两面靠近书脊与环衬页连线的边缘压出一条凹痕，基于书脊向外凸起的过程称之为起脊。通过这一加工可以避免扒圆后的书芯回圆变形，分为人工起脊和机械起脊，前者称之为敲脊，后者称之为轧脊。

6. 书脊的加工

对书脊进行加工的目的是加固书芯，使书芯和书脊更加结实牢固，外形更加挺括美观，具体步骤分为刷胶、贴纱布、粘书签带、贴堵头布、贴书脊纸。

书签带的长度一般取封面对角线的长度，贴入书背长度约10mm，夹入书中露出书芯长度约10mm。贴纱布工序也是必不可少的一步，主要是为了提高书芯的连接强度，使书芯与书壳变得更加紧致牢固。堵头布就是在书芯背脊顶端与底端位置增加装饰布条，使书帖之间连接更加紧密，不但巩固装订，而且使书籍变得更加美观，贴制过程讲究贴正、贴紧。书脊纸一般位于书芯背脊中间的位置，贴制要紧实，不能起皱、起泡。至此，精装书书芯加工完成。

（二）书壳的制作

书壳是一本精装书的封面，制作书壳多选择耐磨并具有一定强度的材料，且具有装饰作用。

书壳制作工艺流程：

计算书壳各部位的用料尺寸→裁切书壳料→涂黏合剂→组壳→糊壳包边角→压平→自然干燥。

书壳主要分为整料书壳和配料书壳。其中整料书壳的封面、封底与背脊连在一起，当然属于同一种材料；而配料书壳往往封面、封底是同一种材料，背脊则选择另外一种材料制作。

书壳制作中需要结合既定尺寸，将前后封纸板定位并压紧，称之为摆壳。将四周边缘以及四角包好后制作成一个完整的书壳，然后压平即可。操作方式有人工和机械两种，人工操作效率低，目前一般采用机械方法。制作好的书壳还需要对其进行表面精细加工，在前封、后封、背脊上压印书名和图案等，一般采用金属箔烫印、压凹凸、油墨压印、丝网印刷等加工方法。书壳经过表面加工，最后实施扒圆操作，这样可以使书壳的背脊变成弧形，与书芯的圆弧形状相适应。

（三）上书壳

将书壳和书芯连在一起就是上书壳，也有人将此工艺称之为套书壳，制作分为手工加工和机器加工两种。

手工制作工艺流程：

涂中缝黏合剂→书芯和书壳套合→压槽→扫衬→压平→自然干燥→成品检查→包装。

手工加工时，先在书槽部分涂上一层胶，接着套在书芯上，使书槽部分与书芯黏接牢固，然后在书芯的衬页上涂上胶，使书壳与书芯黏接牢固并保持平整。不难发现硬装精装书的前封面、后封面与背脊的连接处有一条书槽，作用是保护书芯不变形，使造型更加美观且翻阅方便。手工压槽多采用铜线，运用加压成型法压在上下书槽中，然后经过压平定型，精装书籍加工完成。如果有护封，套上护封即可装箱出厂。

精装生产线工艺流程：

扫衬→书芯和书壳套合→压平→压槽→干燥→检查包装。

机器加工时，精装装订自动线可以连续自动地将经过锁线或无线胶订的书芯进行流水加工，最终输出成书。这一流程不仅提高了生产效率，也降低了人工生产的误差。自动流水线覆盖了书芯供应、书芯压平、刷胶烘干、书芯压紧、三面裁切、书芯扒圆起脊、书芯刷胶粘纱布、粘卡纸与堵头布、上书壳、压槽成型、成品输出等一套完整的精装书装订工作。

精装书又分为带槽圆脊本、无槽圆脊本、带槽方脊本、无槽方脊本，如图6-39 ~图6-42所示。

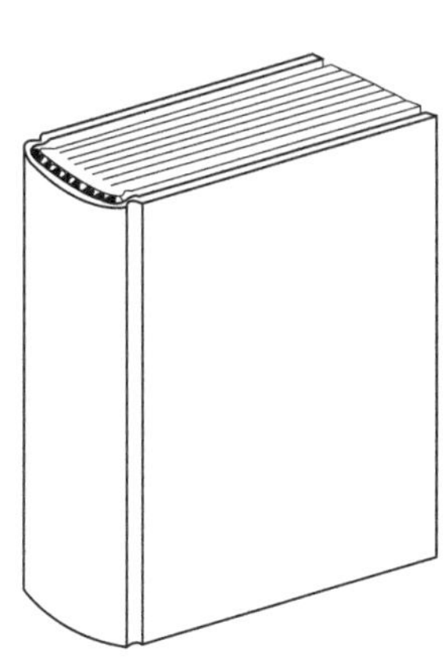

图 6-39 带槽圆脊本

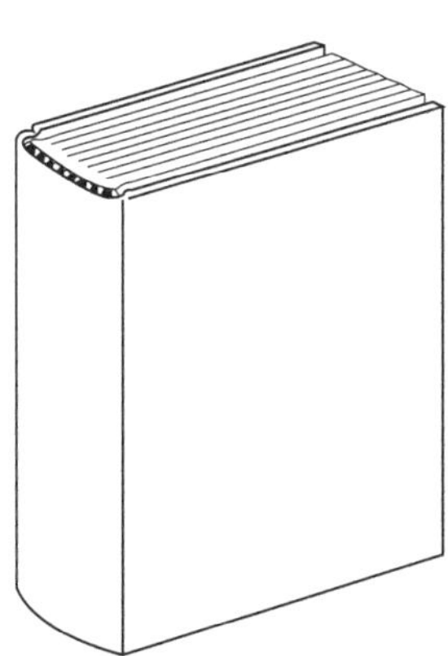

图 6-40 无槽圆脊本

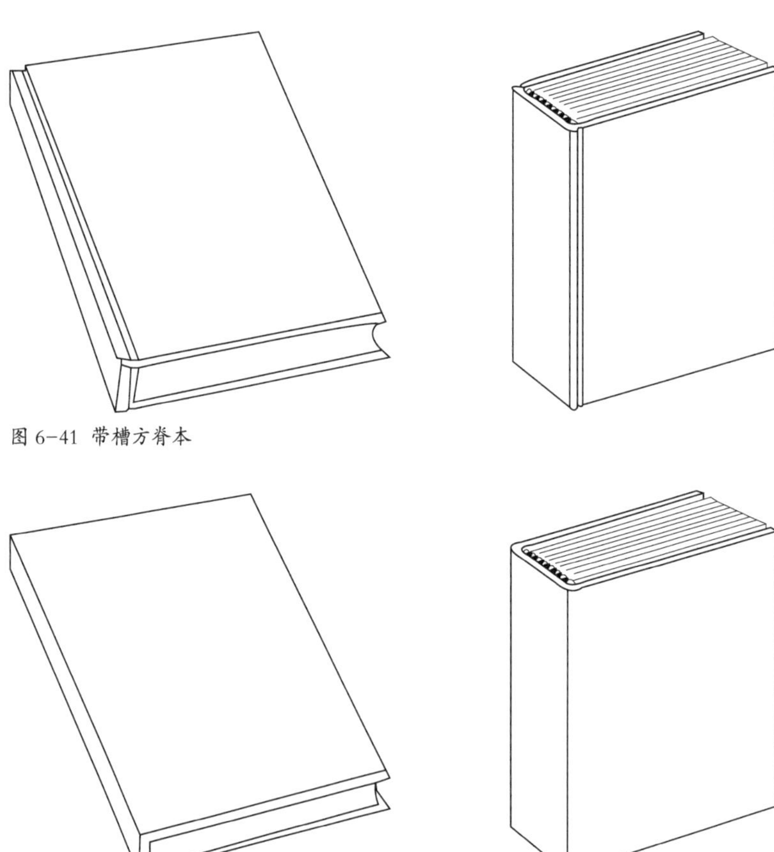

图 6-41 带槽方脊本

图 6-42 无槽方脊本

## （四）精装书的质量技术要求

### 1. 书帖与书页

三折及三折以上的书帖，应划口排除空气，这是对印刷厂的要求。书帖内出现死折、八字皱折以及书册裁切后前口出现凹凸不平等问题，主要是由于书页经折叠成为书帖后所贮存的空气引起，想要得到一套平整理想的书帖，需要在适当位置破口，将多余的空气放出。59g/m$^2$以下的纸张折四折为最佳，60 ~ 80g/m$^2$的纸张以三折为最佳，81g/m$^2$以上的纸张最多折两折。随着折数增多，页码间的误差相对也会增大，书帖厚度增加，贮存空气的可能性也会大大增加。很多印刷厂75g/m$^2$以下的纸张仍用四折，进行超规定加工，容易引起八字折严重、页码误差超标、书背上下不一致等问题。

相邻页码允差小于4mm，全书误差允差小于7mm，画面接版允差小于1.5mm。有些设计中如版面余白过小，切口出血较多等都加大了装订的难度，在多套帖数的书籍设计中版心没有设计梯形留份，接版画面与页码齐整度留份不等，结果造成接版对齐而页码误差超标，或页码对齐而接版不齐。当遇到这类设计问题时，装订加工只能起到弥补作用，如有接版时以接版图为准，或相互照顾。

2. 书芯订联

一般要求锁线订。

3. 书芯加工

书芯加工的形式有方背和圆背。方背是指书芯裁切后书背平直，四角均呈90° 角的加工形式；圆背指将书芯裁切后，经过扒圆使平直的书背呈圆弧的形式。

有脊是指有一定圆势书背的书册在背与面相连的脊部进行压槽加工，使脊部更加突出；无脊即不加工脊部造型。

堵头布又叫花头，是书背的上下两端所粘上的布头，有的粘，有的不粘。对于书芯中的半成品需要经过压平才能进行加工。压平是为了排除贮存的空气，使书芯平实并保持厚度基本一致。通常情况下由于锁线致使书脊存在高低不平、书帖内存有空气的现象，如果不压平就无法保证书芯的厚度相对一致。书芯尺寸误差±1mm，以保证飘口尺寸的统一。丝带书签粘贴在书背上方中间的位置，平正牢固。丝带长度为书芯对角线长度加10~20mm；丝带宽度32开本及以下为2~3mm，16开及以上为3~7mm。

4. 书壳加工

书壳使用硬挺、平整、光滑的灰白纸板（工业纸板）。

书壳尺寸要求：

中缝尺寸（槽宽）：方背应是两张书壳纸板厚度加6mm；圆背是一张纸板厚度加6mm。

背条宽：书芯厚加两个纸板厚。

飘口宽：32开本以下为（3±0.5）mm；16开本为（3.5±0.5）mm；八开本以上为（4±0.5）mm。

包边宽：15mm。

书壳纸板：长为书芯长加两个飘口宽；宽为书芯宽减2~3mm。

中径宽（封二与封三之间的距离）：圆背为书脊弧长加上两个中缝宽度；方背为书芯厚度加上两个中缝宽度和两张纸板的厚度。

**附**：精装书的内部结构，如图6-43所示。

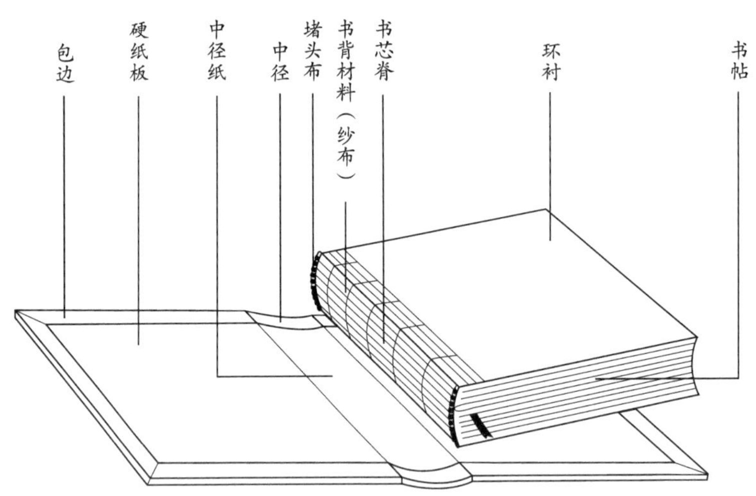


图 6-43 精装书的内部结构

精装书的装帧步骤，如图6-44所示。

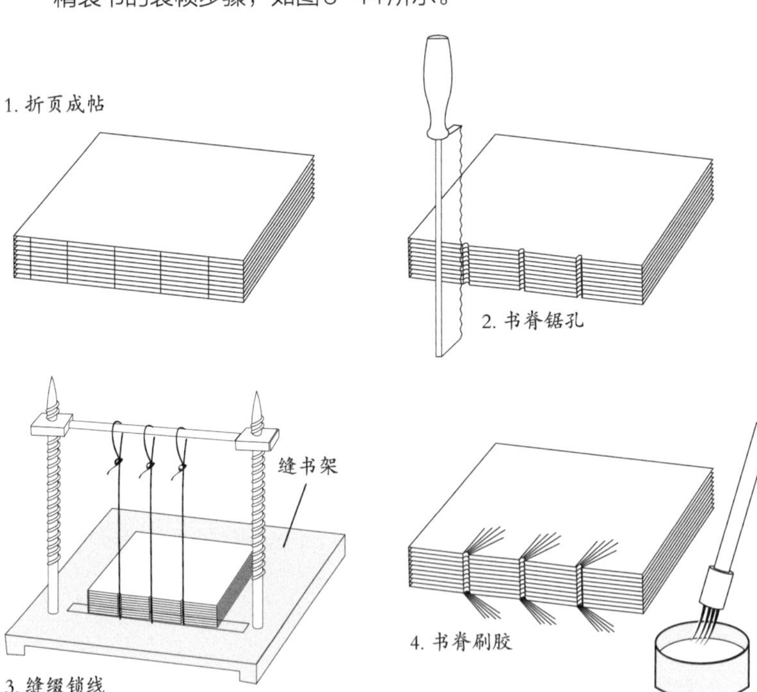

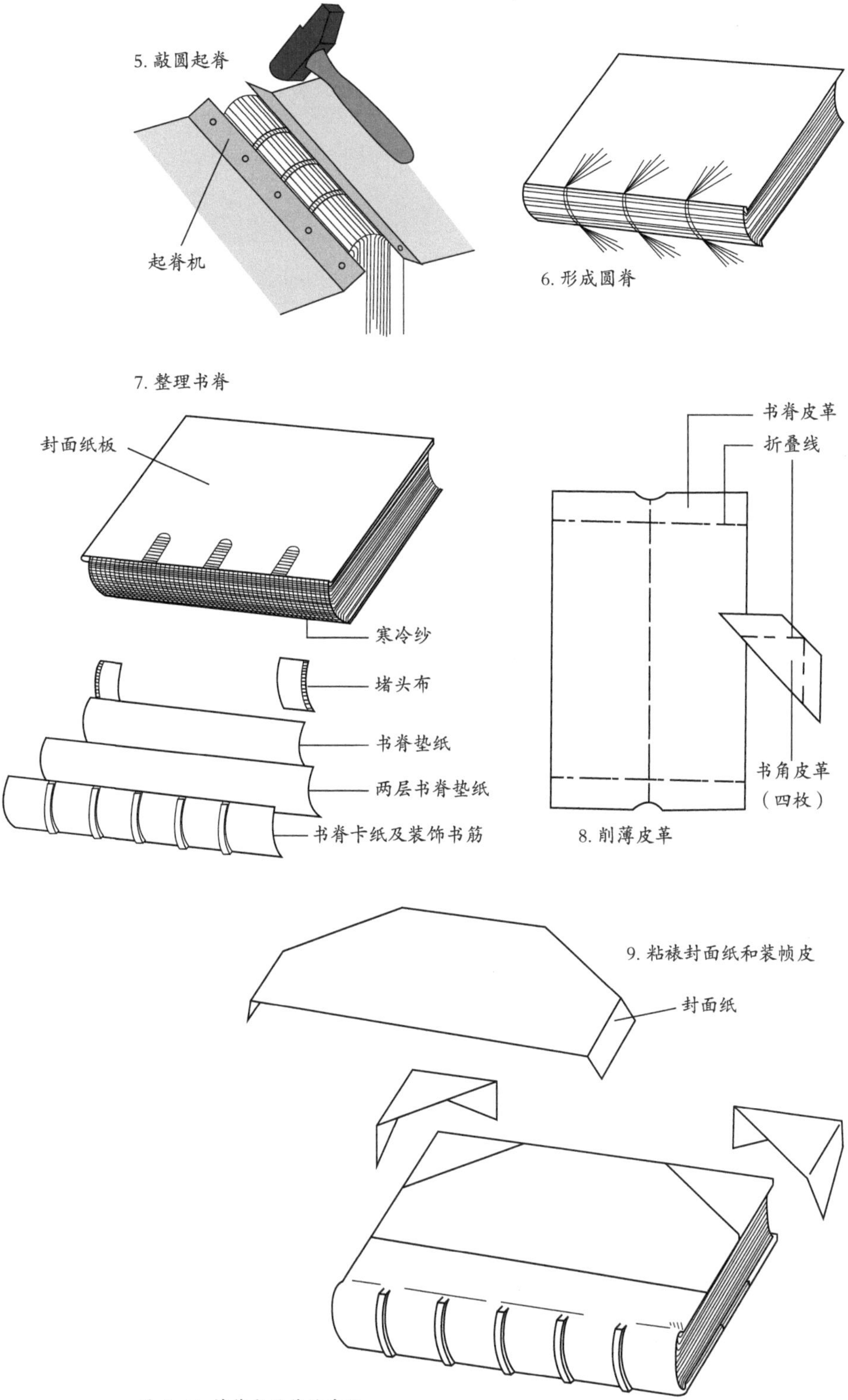

5. 敲圆起脊
起脊机
6. 形成圆脊
7. 整理书脊
封面纸板
寒冷纱
堵头布
书脊垫纸
两层书脊垫纸
书脊卡纸及装饰书筋
书脊皮革
折叠线
书角皮革
（四枚）
8. 削薄皮革
9. 粘裱封面纸和装帧皮
封面纸

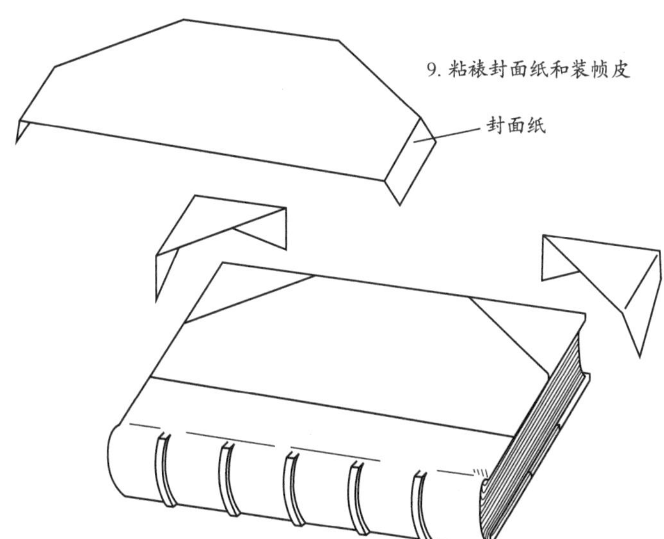

图 6-44 精装书的装帧步骤

## 四、蝴蝶装的装订工艺

蝴蝶装的装订方法通常是将印有图形和文字的一面朝里对折，空白的一面以中缝为准，按页码顺序对裱，最后再把前后空白页裱糊在一张封面上，然后裁齐成书。蝴蝶装装订时一般少于或等于10P的内页都加卡纸，多于或等于20P的内页可不加卡纸，1P等于2页。

目前比较流行的蝴蝶装订对裱机为德国MITAMAX全自动蝴蝶装订对裱机，该对裱机凭借其优良的性能在蝴蝶装订领域独占鳌头。机器速度80张/分钟，可与压痕折页机和压痕切卡机配套使用，工作效率高。

操作流程：操作员把已经配好页的书帖置于顶部进纸、底部出纸飞达中，输纸系统把书帖一张接一张地送往刷胶机构。每本书芯的第一个书帖不刷胶，其余书帖单面刷胶，第一个没有刷胶的书帖便成为与下一本书芯之间的自然分隔。全部书帖书脊朝下由吸气辊输送至收纸台，每当一个新书帖到达，摆动式压实板就压实一次，最终产生的成品是一摞边缘整齐、尺寸精确的方背书芯，书芯的具体数量取决于具体的参数设置。由于每一本书芯的第一页无胶，因此相邻的书芯之间不会粘连。

## 五、线装书的装订工艺

线装本是我国目前常用的书籍装帧形式中较古老的一种方法。线装书加工精致，外形美观，具有独特的民族风格，现在我国部分史料和古籍仍采用线装书的形式。线装本也分为精装和简装两种。

精装本采用布面、绫子或丝绸等织物覆在纸上作封面，订法也比较复杂。装订的上下切角用织物包裹，称为包角。有勒口和复口，即封面的三个勒口边或前口边比书芯多出的部分，沿线装书芯边折进并粘在副页或衬页上，以增加封面的挺括度和牢固度。如果一部线装书由几册组成，则再用书函将各册包扎成部。

简装本采用纸质封面，订法比较简单，不包角、不勒口、不裱面，不用函套或只用简单的函套。

线装本书芯一般用连史纸和毛边纸印刷。连史纸用竹浆制成，质地坚韧细致，不变色，装订时使用的胶黏材料很少。所以线装书具有久藏不脆、防蛀、不易变形等特点。

一般线装书的加工为手工作业，其工艺流程为：

理纸和开料→折页→配页→散作和齐栏→打眼→串纸钉→粘面和贴签条→切书→串线订书→印书根。

（一）理纸与开料

由于线装书所用的纸又软又薄，纸张的整理比较困难，同时印刷时空位规矩不像铅印那样一致，因此开料前需要先把纸张理齐，再结合折页的方法来确定裁切开料。

（二）折页

线装书印刷是一面空白一面印刷图文，对折书页后将图片与文字展示在外面，空白的一面折叠在里面，占据两个页码。一般在折缝位置会印有“鱼尾”标记，以此为中缝折页的标准线，若是折叠时鱼尾标记居中，那么版框也就对齐了。折页时要求书口居中，整齐、整洁、不歪斜。

（三）配页

配页与平装后工序配页方法相同，在配页之前，先把页码理齐，然后逐帖配齐。第一本书芯配好后要详细核对，看是否有错误。在配页的过程中要做到一边配页一边检查，防止破烂、油污的书页混入。同时避免多贴、漏贴、错贴的现象出现。

（四）散作和齐栏

由于书页规矩不齐整，又不能用撞纸的办法来解决，需要先将书页一张张理齐，然后再进行后续处理，这一工序称之为散作；若是出现栏脚不齐的现象，可以将它们逐张拉齐，称之为齐栏。现代印刷的线装书页，规矩准确，此工序可以省掉，经配页、撞齐即可打眼。

（五）打眼

将配好的书页理齐，检查无误后即可打眼。通常线装书要经过两次打眼，第一次是在书芯上打眼两只，串纸钉定位，称为纸钉眼，使栏脚线不再有不规则的游移；第二次是打线眼，目的是固定书芯与封面，将书芯配好封面并粘牢，然后进行三面裁切成光本书，之后再打线眼四个或六个等。线眼的位置、个数与串线方法有关，不同的串线方法有不同的线眼距离和线眼个数。

（六）串纸钉

串纸钉是线装书的装订特点，作用是使散页理齐后定位，便于裁切和串线的加工。

纸钉用长方形的连史纸切去一角制成，捻纸钉时要做松做活，富有弹性，待纸钉串进纸眼中，纸钉弹开，塞满针眼，纸订的头与尾露出在书芯外并摊平，纸钉两头又与封面粘牢，使封面与书芯合理定位。

（七）粘面与贴签条

将纸钉头尾部分涂上少量胶黏材料，并精准定位封面封底位置，然后进行粘贴，这一程序谓之粘面。

线装书的封面、封底是由两张或三张连史纸裱制而成的，其中表面一张刷以颜料，如水青色或玉青色，然后将印好书名的签条贴在封面的左上角。贴签条的位置会影响书籍的外观设计。

（八）切书

为了减少书籍裁切时所造成的误差，由几册组成的一部书，整部装订后应将各册依次进行配置，裁切位置统一，如此各册书籍分散后再配集成部，规格才能保持一致，通常加工时使用三面切书机裁切。

（九）串线订书

光本书经过打眼后，即可用勾锥串线订本。目前串线以丝线为多，也有用锦纶线替代的。订好后的书要求平正、结实，双股丝线平行不交叉，不分离不重合，线结应放在针眼里不外露。

我国线装本串线花式繁多，现以四针眼法为例，自第二孔穿入，最后结束时在这一孔背面打结，再自这个孔穿过来，剪断线头，塞入孔中，藏住线头，如图6-45所示。六针眼法穿线方式如图6-46所示。

（十）印书根

基于线装书的地脚切口部分印上书名、卷次以及册数等字样，此为印书根。书根印好后，线装书的装订就完成了。

步骤一

步骤二

步骤三

步骤四

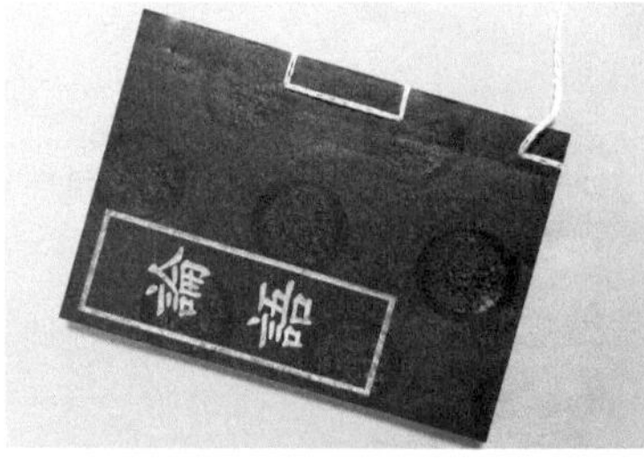

步骤五

步骤六

步骤七

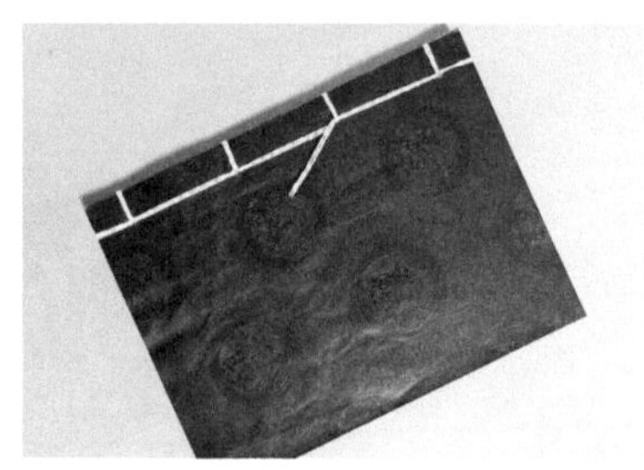
步骤八

图 6-45 四针眼法穿线方式

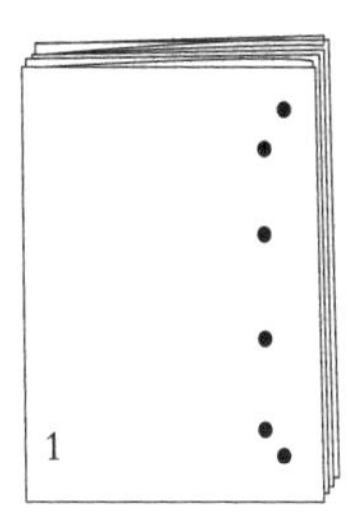


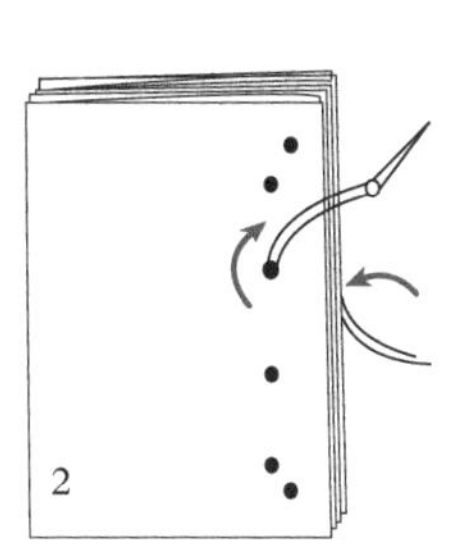


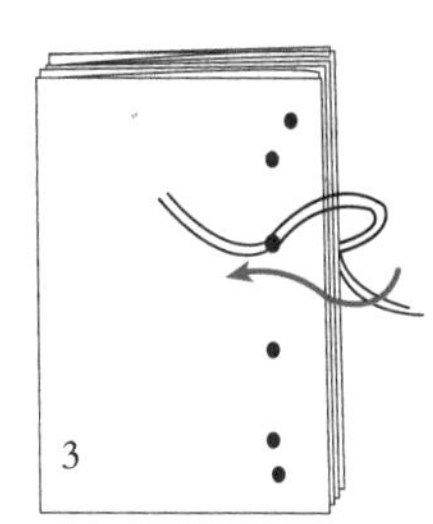


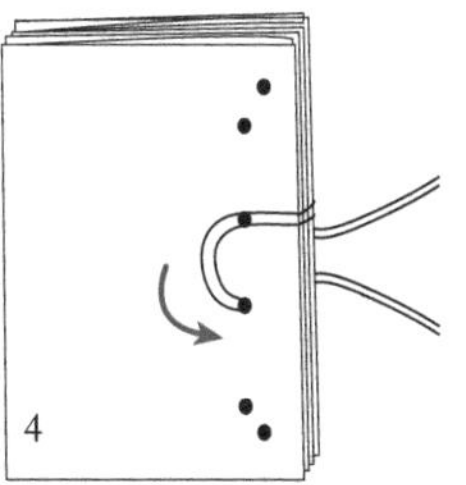


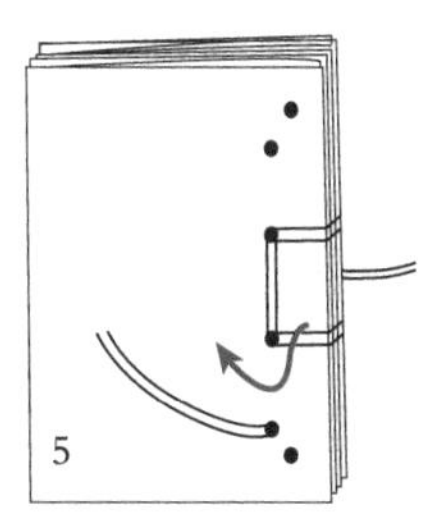


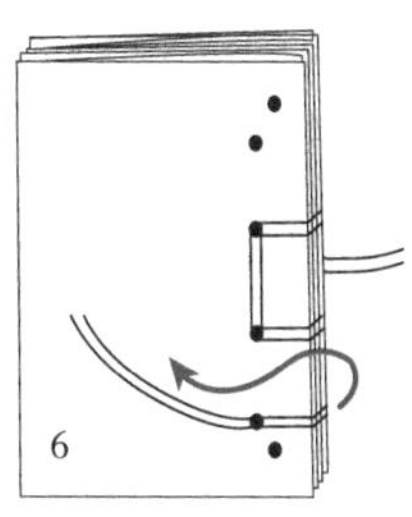

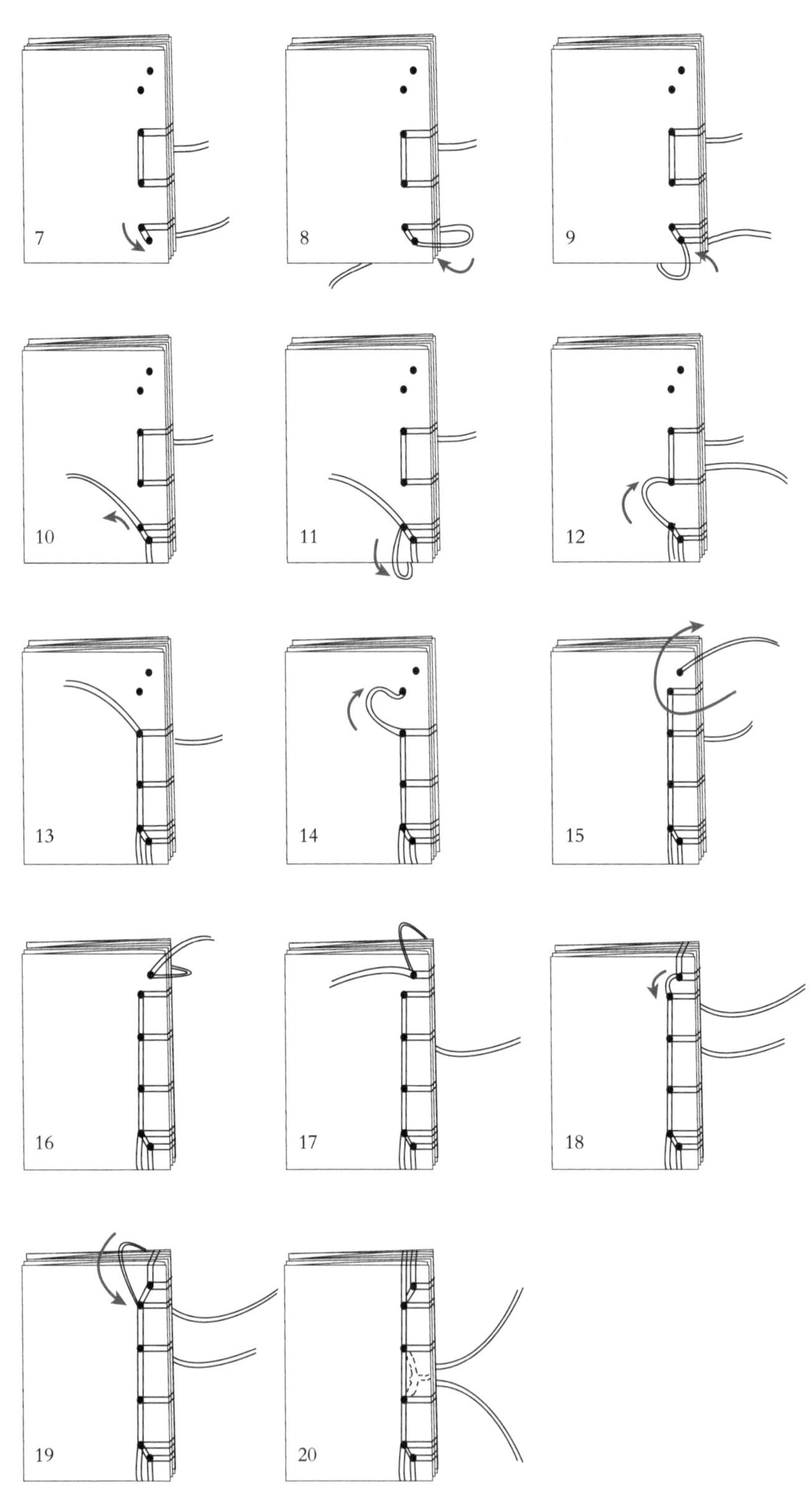


图 6-46 六针眼法穿线方式

## 六、书函加工

书函的作用是保护书册，如图6-47所示。书函的形式多样，结构也各不相同。四合套一般由舌板、前墙、底版、后墙和面板大小不同的五块厚纸板组成，外面用织物裱牢，以牙签或竹签作为封装的系物，书籍装入后除了能看到天头和地脚外，其余四面都被书函遮盖住，如图6-48。另外还有六合套、云头套、夹板等，如图6-49 ~ 图6-52所示。夹板是用两片与书相同大小的木板，夹于书的上下，再用布带捆牢。

书函的加工工艺流程大致为：

裱襻带和销孔带→舌板包边→粘板条→组装纸板→包边和压实→粘补布条→做销孔和襻带→裱村纸→贴签条。

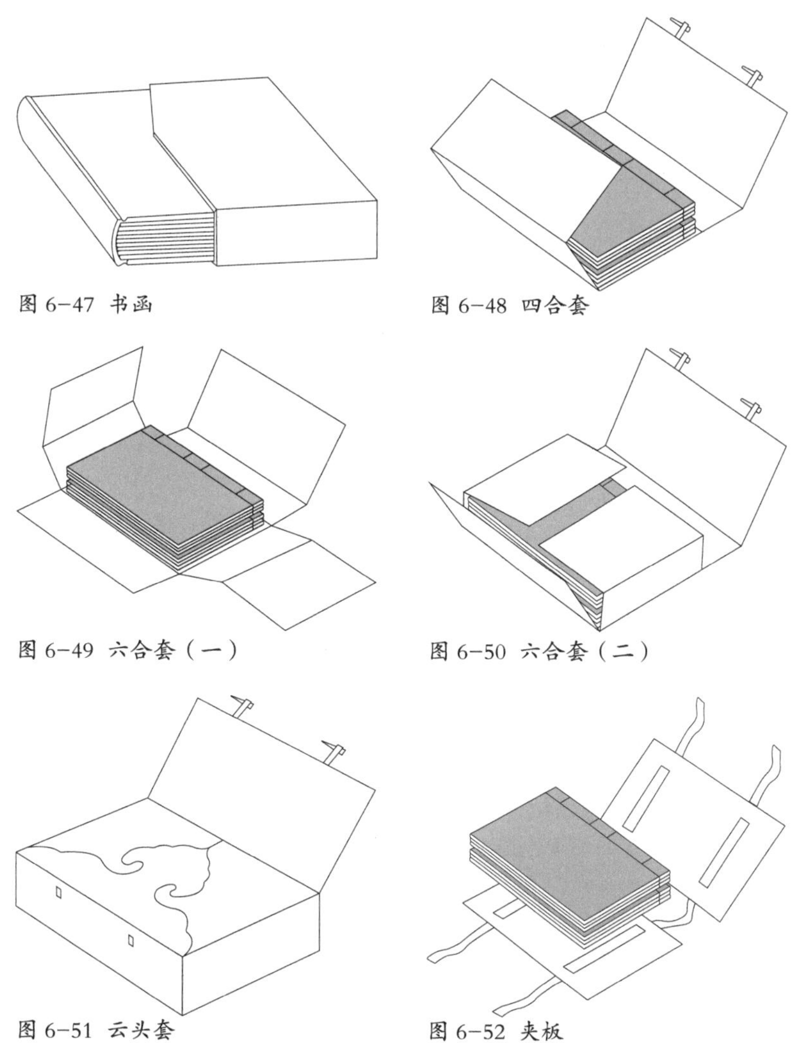

图 6-47 书函

图 6-48 四合套

图 6-49 六合套（一）

图 6-50 六合套（二）

图 6-51 云头套

图 6-52 夹板

除厚纸和布面函套外，还有书盒、书屉和木匣等，在上面印刷、雕刻文字和图形。

## 七、西式线装

订背缀，分为无缀绳和有缀绳（缀布、缀带）两种，两者的区别在于装订时除了使用缀线外是否还使用额外缀绳固定。西方古籍大部分以有缀绳装订为主，现代西方书籍有机器、手工或半手工装订，除了机器装订需要采取无缀绳外，其余大部分属于有缀绳装订方式。但是最古老的科普特式装订属于无缀绳装订。科普特式线装与法式线装是订背缀中两种较具特色的线装方式，如图6-53 ~图6-58所示，法式线装属于有缀绳装订。订背缀无缀绳的串线方法如图6-59所示。

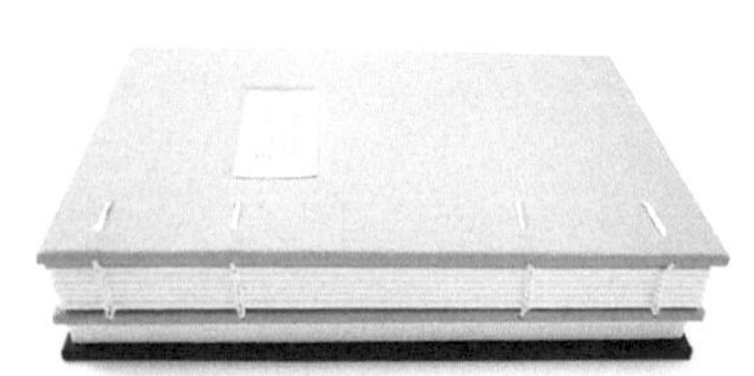

图 6-53 科普特式线装（一）
Ali Manning 设计

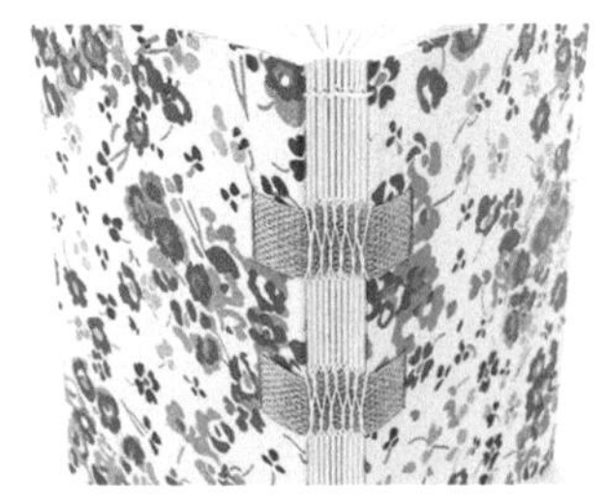

图 6-54 法式线装（一）
Ali Manning 设计

图 6-55 科普特式线装（二）
Kaija Rantakari 设计

图 6-56 法式线装（二） 李新华设计

图 6-57 科普特式线装（三） 陈诺设计

图 6-58 法式线装（三） 张冠宇设计

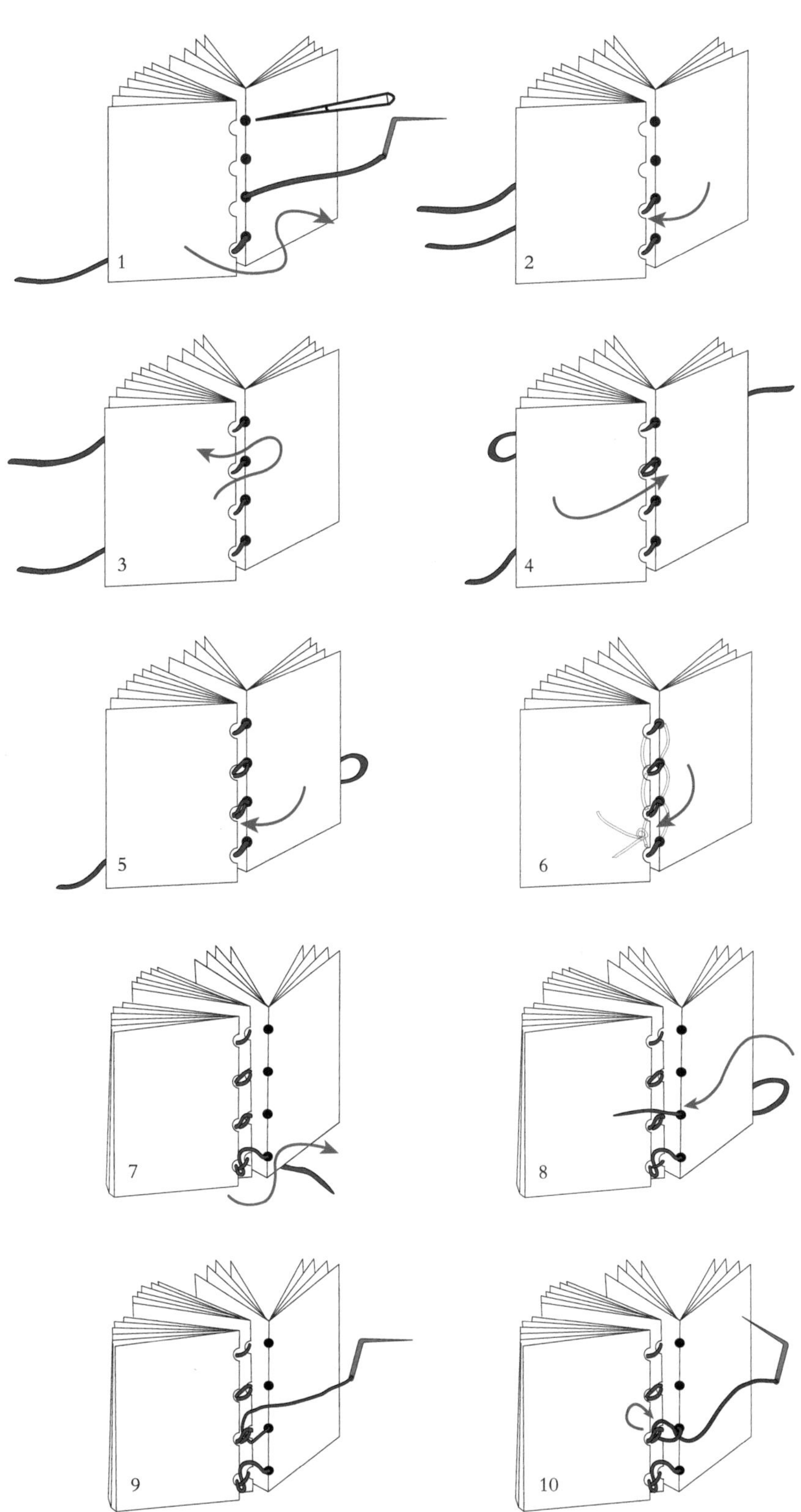
1
2
3
4
5
6
7
8
9
10

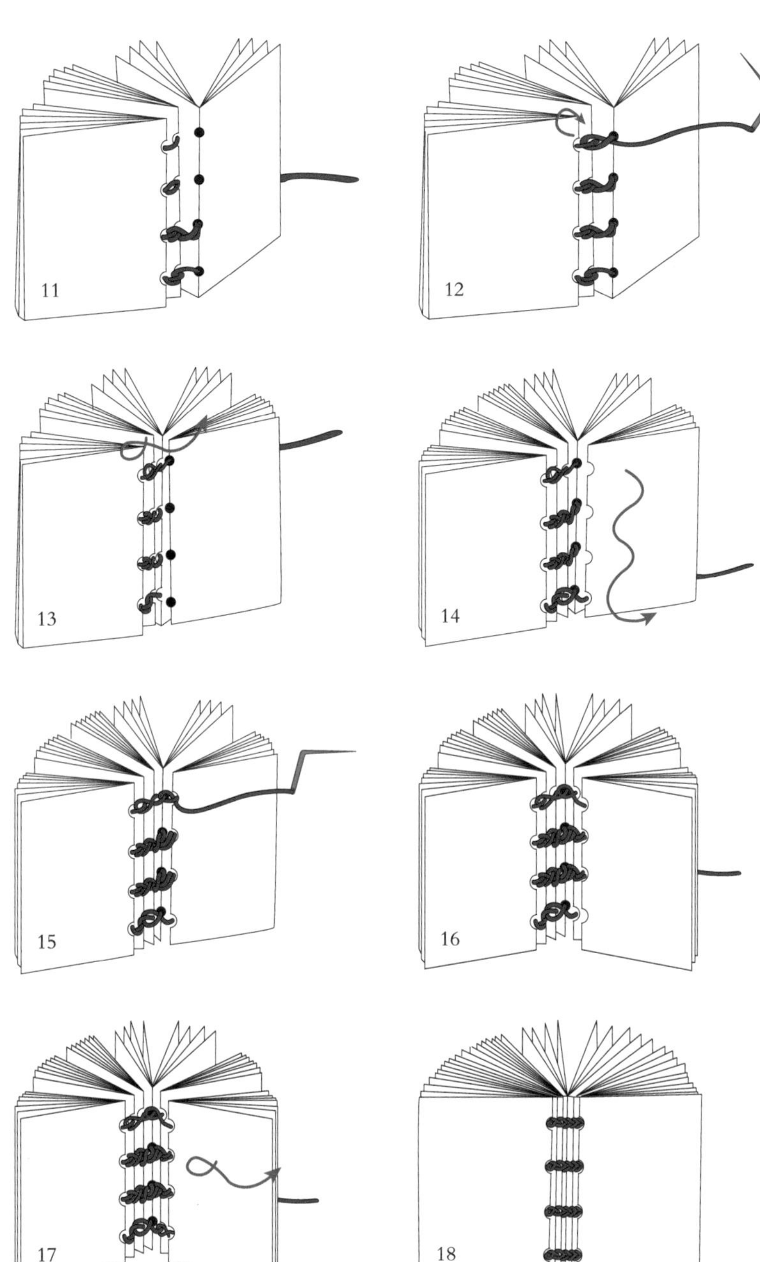


图 6-59 西式订背缀无缀绳的串线方法

# 第二节　书籍装帧的材料

## 一、封面材料

封面材料种类繁多，大致可分为纸质、织物和非织物三大类。纸质面料包括胶版纸、铜版纸、书皮纸、复合加工纸、涂塑纸、花纹纸和漆纸；织物面料包括棉布、丝绸、麻布、化纤织品、漆布和露底布，如图6-60～图6-65所示；非织物面料包括皮革和塑料，如图6-66～图6-69所示。

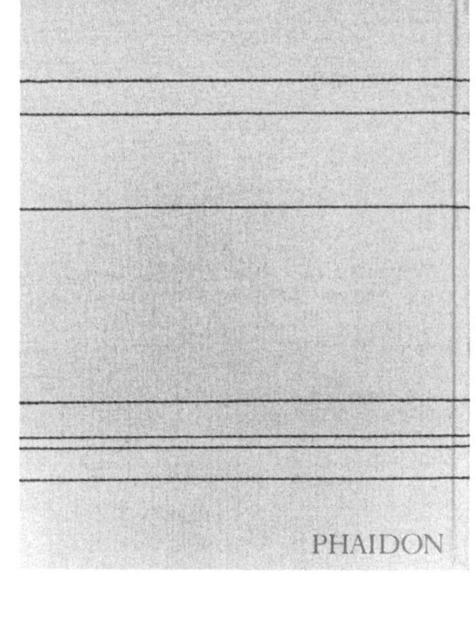

图6-60 织物面料封面（一）

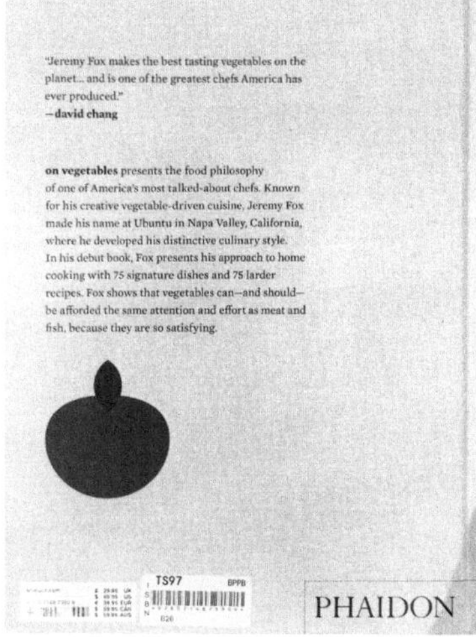


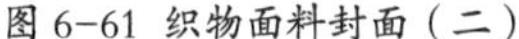
图6-61 织物面料封面（二）

图 6-62 织物面料封面（三）

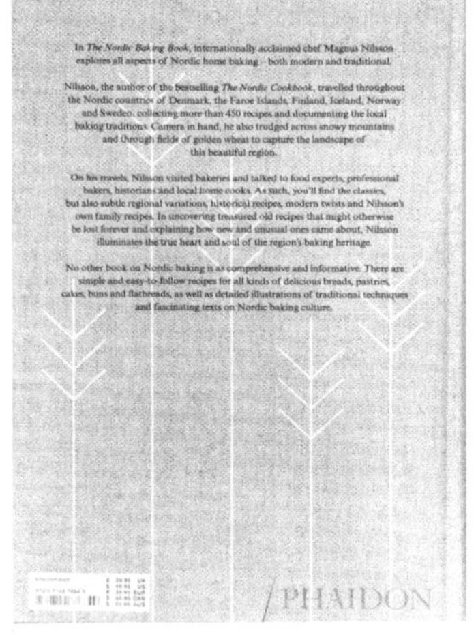


图 6-63 织物面料封面（四）

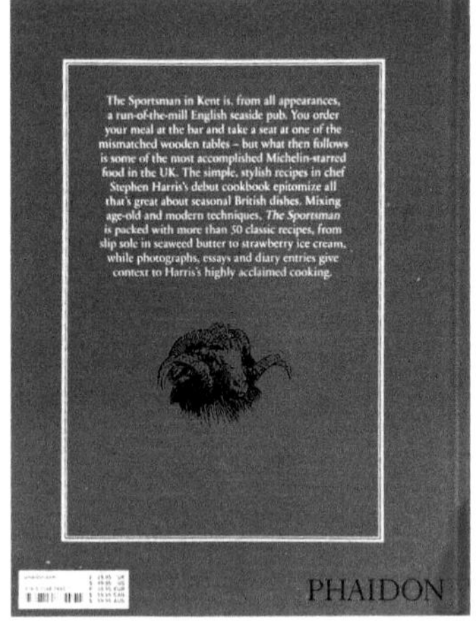


图 6-64 织物面料封面（五）

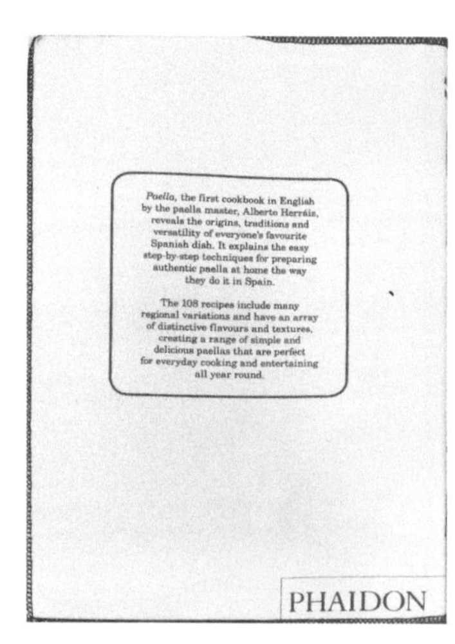


图 6-65 织物面料封面（六）

图 6-66 皮革面料封面（一）

图 6-67 皮革面料封面（二）

图 6-68 皮革面料封面（三）

图 6-69 皮革面料封面（四）

（一）纸质面料

（1）胶版纸和铜版纸

是平装和骑马订常用的封面材料。根据书刊的厚度，封面用纸的定量为60~200g/m$^2$。精装用封面纸以胶版纸为多，主要用作精装接面书壳的包面材料。书名等图文可以印在包面纸上，不必烫印，易加工，但牢固性较差。

（2）书皮纸

又称封面纸，一般用于制作平装书籍、杂志、簿册的封面。书皮纸纸面平整光滑，力学性能好，耐磨，耐折，抗水性能好。

（3）复合加工纸

是用胶黏剂在纸基上粘贴复合材料制成的。用作书籍装订面料的复合加工纸，主要是在纸基上复合聚乙烯和聚氯乙烯薄膜。复合加工纸表面有较好的光泽，防潮、耐磨且不易脏污。

（4）涂塑纸

以原纸作为纸基，在纸基上涂布以聚氯乙烯为主要原料的涂层，经过压花制成装订用的面料。涂塑纸花色品种多，机械强度高，耐磨耐折，花纹清晰，有较好的黏结性和烫印性能，适合做精装书壳的包面材料。

（5）花纹纸

是以较厚的纸为基材，有印刷花纹和彩色压纹等品种。花纹纸的颜色均匀，花色品种多样，韧性和强度较好，附着力和烫印效果理想。平装和精装的封面材料常用花纹纸，还可以作为环衬材料等，是目前比较流行的一种封面材料。

（二）织物面料

现在的织物装帧材料颜色花样繁多，布面可适合丝网印刷、UV、烫印、压凹凸、发泡金等工艺，也可以四色印刷，可根据客户需求裁切尺寸，可根据样册展示订制颜色（图6-70 ~图6-72）。

1.棉布

主要成分是棉花纤维。在印刷行业中，不同颜色的平纹细布和府绸使用较多，可用作线装书籍的封面、函套材料和精装书籍的包面材料。

图 6-70 丝网印刷后压凹凸

图 6-71 四色印刷

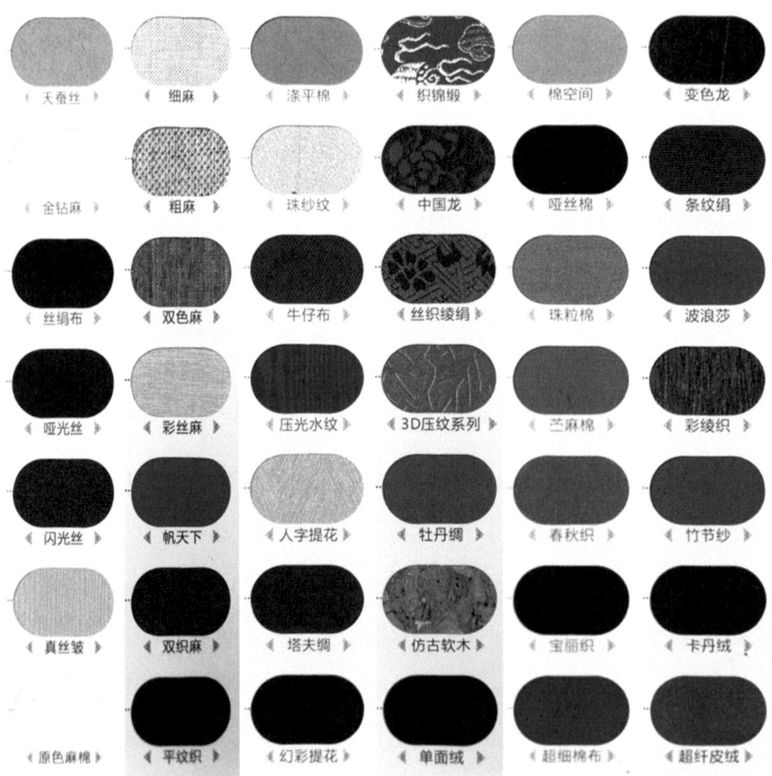


图 6-72 装帧布色样

平纹布吸湿性强，缩水率较大，径向缩水率为6%左右。制作书壳时，一般是用水溶性黏合剂将布粘在纸板上，经干燥后，缩水率大的布料会因为和纸板的收缩率不一致而使书壳发翘，影响装订效果。因此，棉布使用前应先做防缩处理。

棉纤维耐酸很弱，但耐碱性较好。长期在日光下照射，会使棉纤维的强度降低，织物发脆。但它有较好的黏结性能和烫印性能。

2. 丝绸

花色品类较多，原料多为桑蚕丝，有质地轻盈的丝绸，光洁平滑的缎子，质薄坚韧的绢以及棉、纺、绉、绫等。

丝绸和绢类材料织工精致，质地细腻优雅，花色图案生动，精装书、线装书、书函、精装画册以及豪华装常以此作为包面材料，呈现高贵华丽、独特的艺术效果。

缎子质地紧密、平整、挺括、厚重，高档书刊、画册、证书等常以此作为封面材料，呈现稳重大气的艺术效果。

丝绸有较强的缩水率，一般为6%~7%，用丝绸做书壳面料时，应先在面料上粘贴衬纸，待干燥后方可供糊壳使用。丝绸有很好的黏结性，但不耐酸碱，为此选择丝绸制作书壳，要注意黏结剂的选择，尽量避免选择酸性或碱性粘合剂。一般烫印温度都可适用于丝绸。

丝织物不耐光照，不耐磨，吸湿性强，保存不当易霉变和虫蛀。

3.化纤织品

适合做装帧面料的化纤织品是涤纶、腈纶等。它们的耐磨性好，强度大，耐酸碱，不易霉变，不怕虫蛀，是一种较有前途的装帧面料。

4.漆布

一般由底基层、色漆层和光漆层组成。底基层多采用平纹布，细洁柔软且耐用，作为漆布的支持载体，可增加设计的稳固性。色漆层上均匀涂着漆浆，是由硝基漆加填充料、增塑剂、颜料等配制而成，其作用是显示颜色并填充底层。光漆层也叫做保护层，多数会选择无色硝基清漆涂层，它的作用是保护色漆层并增加表面光泽度。有的漆布在表面压出花纹，漆布的外观质量指标要求表面平整、光滑，压出的花纹清晰，无表面缺陷，硝基漆层没有黏性并与底基层黏合牢固，经反复折叠不出现裂纹。漆布有良好的尺寸稳定性、耐磨性、耐折性，可久存不怕虫蛀，易烫印加工；但漆布不耐有机溶剂。漆布厚度大、强度高，裱糊书壳时需用黏性比较大的黏结剂，如骨胶。漆布适合制作精装整面书壳的包面材料和接面书壳的书腰。

5.露底布

露底布多用于精装封面，也叫作裸纹布。裸纹布以布料作为底基层，在表面涂上透明涂层，能够显露底基布料的纺织纹路和整染色彩，提高装帧艺术效果。此外，裸纹布常用于制作整面书壳的材料和接面书壳的书腰。裸纹布有较好的黏结和烫印适性。

（三）非织物面料

1. 皮革面料

现在的皮革面料花样也很多，可根据样册选择，如图6-73所示。皮革质地柔软、强度高、伸缩率小，耐磨、耐折。皮革材料优势较多，运用皮革面料制作的书籍可有效防止挤压、擦伤、虫蛀、鼠咬、霉变和老化。皮革中含有脂类物质不易黏结，所以必须使用高黏性的黏合剂。

2. 塑料面料

在书籍装帧中，除了使用涂塑纸和覆膜封面外，还有不少硬质塑料

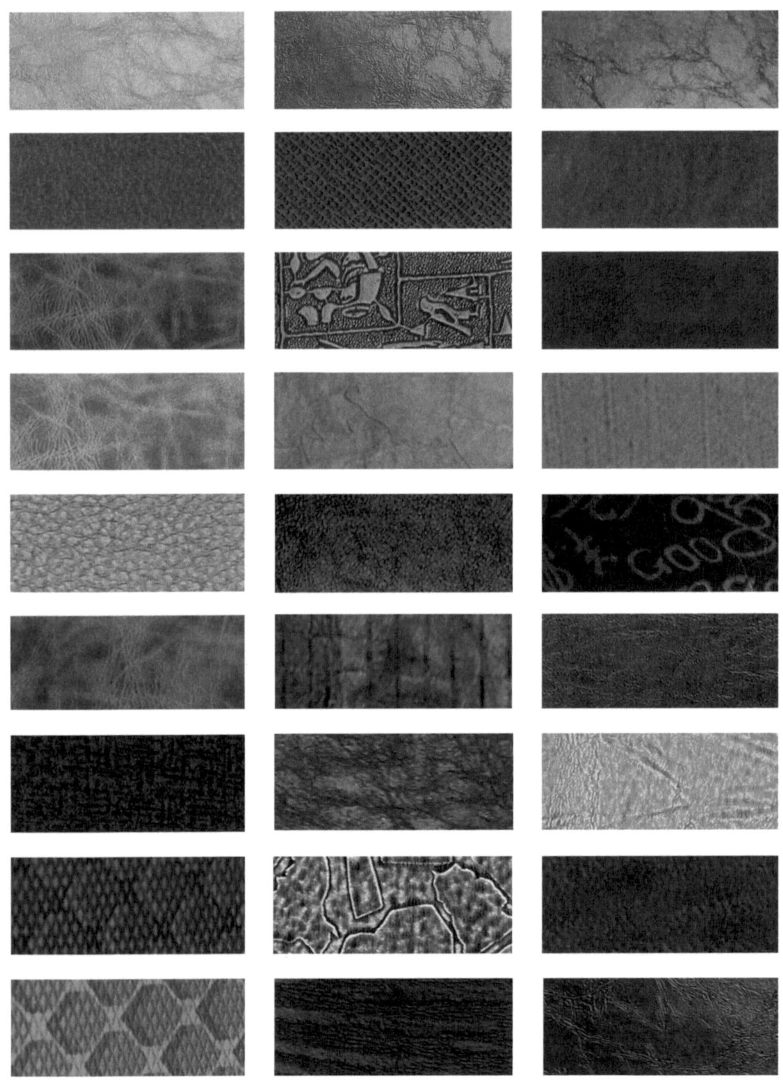

图 6-73 皮革面料

封面也得到了较为广泛的应用，如聚氯乙烯印花或压花。聚氯乙烯塑料具有耐油、耐水、耐化学药品的优点，常用来制作手册、日记本、字典等的封面，特别是用于化学、机械行业实验室使用的书籍封面，如活动套书壳和塑料压制的整面书壳。

### 二、环衬材料

常见的环衬材料以铜版纸、胶版纸、米卡纸等几类为主。其中胶版纸作为环衬多用白色；铜版纸作为环衬用纸，适用于较高档次的书籍，配以与该书相关的美观图案，增加书籍的装饰效果，使书籍更富有艺术性；米卡纸属于卡纸的一种，常作为画册、精装书等的环衬材料。米卡纸纤维组织结构均匀，厚度一致，纸质柔软耐折，正反两面颜色均匀，可以印花。米卡纸既有平板纸，也有卷筒纸。

### 三、贴背材料

1. 书背布

书背布多选用纱布，是一种编织稀疏的平纹棉织物，胶液容易渗透，上浆后可以变硬，粘在书芯的背面。

2. 书背纸

书背纸是粘在书背上的纸张，用于加固书脊。对于平装书籍，当书芯厚度在15mm以上时，都要粘书背纸，一般采用100~200g/m$^2$的胶版纸。在无线胶订生产线上，通常使用150~250g/m$^2$的胶版纸、卡纸作为书背纸。根据书背的长度，使用前将卷筒纸进行复卷裁切至所需要的宽度。精装书的书背纸通常采用牢固度和柔韧性较好的牛皮纸。

3. 堵头布

堵头布是一种一侧有凸起的圆边棉织物带，颜色较多，有单一色与彩色之分，贴在书脊两头，作用是增加书帖的黏结牢固度并美化书籍。堵头布需要上浆，以保证其平整不起皱，切断后其边缘不起毛。堵头布有13mm×100m、15mm×100m等规格。一般装箱出售，每箱约2500m。

4. 丝带

又称书签带，是一种宽度为3~8mm的丝织带子，有多种颜色如红、黄、蓝、绿等。书签带位于书籍天头书背的中间，预留出一部分长度，将其置于书芯内，长出的一部分外露在地脚下。丝带的规格一般为3mm×100m、5mm×100m、7mm×100m等。

## 四、缝订材料

1. 铁丝

骑马订和铁丝平订均会用到铁丝。铁丝是利用低碳钢经过拉丝后制成的金属丝，为防止生锈表面涂有防锈层。常见的装订铁丝多是经过镀锌处理的，为了满足不同厚度书籍装订的需要，型号有21~25号几种，数字越大表示铁丝直径越细。

2. 金属丝圈

金属丝圈是用直径为0.55~0.71mm的金属丝（或喷塑铁丝）制成的有一定规格的拉簧状环圈，一般用于装订挂历和活页本册。装订时，在被订连的挂历（或本册）的订口处，打一排直径为1.5~2.0mm的孔眼，而后将金属丝圈用手工或机械方法穿入孔眼。

3. 棉线

棉线是缝纫订和锁线订常用的缝订材料，包装形式为塔形。常用的规格有四种，其型号分别为：42S/4，42S/6，60S/4，60S/6。“S”表示支纱数，表示棉纱的粗细程度。S前面的数字越大，表示支纱越多，棉线越细；斜线后的数字代表股数。装订书籍时，根据纸张的定量、书帖的折数和书刊的厚度，选择不同粗细的棉线。装订常用线为42S/4，即用4股42支纱捻成的棉线。

4. 化纤线

常用的化纤线有尼龙线和涤纶线等，尼龙线虽然强度高，但是由于弹性大，容易引起书芯锁紧困难，裁切后容易出现切口不整齐或者书背弯曲等问题。

## 五、胶黏材料

在书籍装订中，将单张书页连成书籍的重要方法之一就是使用胶黏材料将它们粘连起来。所以，胶黏材料是书籍装订生产中的重要材料。书籍装订用胶主要用于无线胶订、平装书籍包封面、精装书芯贴背、制壳及上书壳等工艺过程中。

装订常用的胶黏材料主要有淀粉黏合剂、动物胶、纤维素类黏合剂、合成树脂黏合剂等。

1. 淀粉黏合剂

（1）糨糊

糨糊是书籍装订中常用的胶黏材料，适用于裱糊纸张、卡纸和织物，通常加工封面、环衬、粘背等也常用到糨糊。

（2）糊精

相对于糨糊，黏性强，干燥快，不易腐败，可以长时间放置不变质，所以使用较广。

2. 动物胶

（1）骨胶

骨胶黏结强度高，定型好，由于含水量低，干燥速度较快。骨胶多用于糊制精装书壳以及书背布、书背纸、堵头布的黏结。骨胶不耐水，遇水胶层膨胀，失去黏结强度。当胶中含水量超过20%时，易腐败变质。

（2）鱼胶

也称鱼皮胶，性能和使用方法与骨胶基本相同。

3. 纤维素胶黏剂

又称纸毛糨糊，无粮糨糊。书籍装订中使用的纤维素胶黏剂是羧甲基纤维素胶黏剂。

4. 合成树脂黏结剂

（1）聚醋酸乙烯乳胶

又称白胶或PVAC，是由醋酸乙烯酯单体聚合而成的。优点是黏结强度较高，可以黏结各种不同厚度的书芯。固化后的胶膜无色、透明、具有韧性。无味无毒，不刺激皮肤，不发霉，不怕虫咬，但固化速度较慢，在半成品的传送过程中，需要较长的干燥时间。在书籍装订中，可粘贴单页、书背纸、纱布，可用于浆背、包封面和扫衬。

（2）聚乙烯醇

是白色絮状成粉末状的高分子化学物，能在热水中加热溶解成为无色透明的黏液体，无毒无味，不霉，不腐，成膜性好。在书籍装订中，可用于平装书刊包封面，精装书芯贴背。聚乙烯醇可以单独使用，也可以和糨糊联合使用,以改善其结膜性能,提高黏着力和耐水性。聚乙烯醇的黏结强度不如PVAC,但比糨糊高,是书籍装订常用的黏结剂。

（3）热熔胶

是一种不含水、无溶剂的固体易熔聚合物，常温下为固体，加热到一定温度后熔化，变成可流动的液体，具有黏结性。

热熔胶最大的特点是凝固速度快，完全可以满足高度自动化的要求，所以成为平装无线胶装联动机的最好黏结材料。热熔胶主要用于无线胶订生产线，为保证无线胶订的质量，贴背用胶的黏度应大些；用于订口两侧的热熔胶为包封面用的侧胶，其黏度可适当小些，即只要能将封面粘住即可。固体热熔胶在使用前应预热，目的是使上胶的热熔胶均匀地达到所要求的施胶温度。热熔胶的施胶温度应控制在170~180℃。

（4）PUR热熔胶

适用于需要承受高强度外力以及环境温度条件恶劣的情况下的书籍装订，期刊、年度报告以及精装书的装订加工都会用到此类材料，对于不同的纸张与工艺均适用，黏结度与耐温性强。PUR热熔胶适用于各种不同的环境，被称为活性胶黏剂，既具备耐高温又具有耐低温的性能，可承受的最高温度达120℃，最低温度为-40℃。但是PUR热熔胶的价格相对较高，另一方面PUR热熔胶在熔化时一旦和空气接触性能会受到影响，操作时需要使用专门设备将它与空气隔离，如此一来也会间接地增加装订成本。

## 第三节　表面整饰加工

在印刷品上进行上光、覆膜、烫箔、模切、压痕或其他加工工艺处理，叫做表面整饰，也叫印后加工。表面整饰是为了提高印刷成品的美观程度和艺术效果，有时是为了保护印刷品而进行的加工。印后加工包括上光、过油和磨光、覆膜、UV印刷、烫印、凹凸压印、模切压痕、压纹、激光雕刻、折光印刷等。

### 一、上光

上光是将一层无色透明的上光油喷、涂或者印在印刷品表面，然后经过流平、干燥与压光，在印刷品表面产生一层薄而均匀的光亮层。上光分为全面上光、局部上光、光泽型上光、哑光上光等。一般在书籍封面、插图、挂历、商标装潢等印刷品的表面进行上光处理。

印刷品的上光通常要经过上光涂料的涂布和压光。

上光涂料的涂布方式主要有喷刷涂布、印刷涂布、上光涂布机涂布三种。

喷刷涂布属于手工操作，但其灵活性强，适合表面粗糙、凹凸不平的印刷品如瓦楞纸，亦或包装容器等异形印刷品。

印刷涂布通常是用印刷机将上光涂料贮存在印刷机的墨斗中，利用实地印版，根据上光印刷品的要求，一次或多次印刷上光涂料。印刷涂布上光不需要购买新设备，可以一机两用，适合于中、小型印刷厂进行上光涂布加工。

专用上光机涂布，适用于各类上光涂料的涂布加工，涂布质量稳定，可精确控制涂布量，适用于各种等级档次的印刷品上光涂布加工，是目前应用最普遍的方法。上光涂布机的结构主要包括印刷品传输机构、干燥机构、机械传动、电气控制等。

利用压光机改变干燥后的上光涂层表面状态，使其形成理想的镜面效果，这一施工过程叫做压光。许多精致的印刷品经上光涂布后需要进行压光处理。

压光机普遍来说用的是连续滚压式，其中包括输送机械、机械传动以及电气控制等。印刷品由输纸台输入加热辊与加压辊当中的压光带，随着压力和温度的影响，涂层会贴附在压光带表面被压光。压光完成的涂料层会慢慢冷却变为光亮的表面层。压光带主要是由特殊处理过的不锈钢打造的，借助电气液压式调压系统对加压辊的压力进行调节，使其符合各类印刷品的压光需求。

### 二、过油和磨光

过油主要是在印刷品表层覆盖一层油，具有保护印刷品颜色的功能，目前常用的材料是亮光油（光油）与消光油（哑油）。首先将印刷品过油，再借助磨光机进行输送，在输送的过程中通过温度与压力的影响完成磨光，使印刷品表面颜色的鲜艳度与光亮度增强，同时也具有一定的防潮作用。

### 三、覆膜

覆膜主要是借助压力、温度以及黏合胶将塑料薄膜与纸制印刷品的表面进行黏合，完成纸塑合一的加工工艺。纸制印刷品表面因为多了一层透明的塑料薄膜，所以具备防污、防潮、耐磨、耐化学腐蚀性，同时具备美化保护印刷品、提高牢固度的效果。覆膜主要有哑光膜、亮光膜以及激光膜等。

### 四、UV 印刷

UV印刷是一种利用紫外光干燥、固化油墨的印刷工艺，在传统印刷界通常指的是一种印品效果工艺，也就是在想要的图形上面覆盖一层包括亮光、哑光、镶嵌晶体、金葱粉等的光油，其硬度高，耐腐蚀耐摩擦，不易出现划痕，主要是增加产品的亮度与艺术效果，保护产品表面。局部印UV的地方会变得光亮，有的带有褶皱与磨砂效果等，与未印UV的地方形成质感上的对比，增强了画面的立体感，如图6-74～图6-81所示。现在有些覆膜产品改为UV印刷，以达到环保的要求，但是UV产品不容易黏接，所以有时只能通过局部UV或打磨来解决。

图 6-74 封面图形局部 UV（一）

图 6-75 封面图形局部 UV（二）

图 6-76 封面局部磨砂 UV

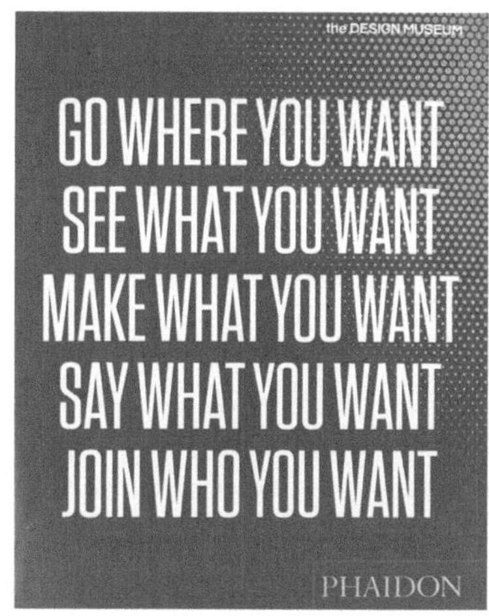


图 6-77 封面文字 UV（一）

图 6-78 封面文字 UV（二）

图 6-79 封面文字 UV（三）

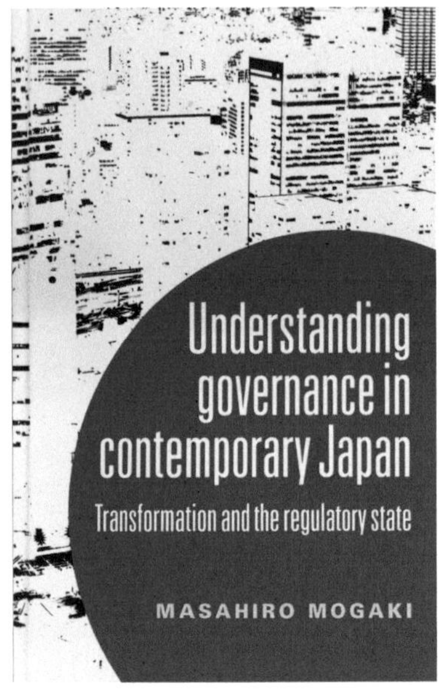


图 6-80 封面文字 UV（四）

图 6-81 封面图片局部 UV

UV印刷的优势在于不但可以在纸面上进行，而且可以在金属、塑料、玻璃、木材、织物等上面进行，与传统上光和覆膜工艺相比，UV印刷具有无可比拟的优势。

UV又分为局部亮光UV、局部哑光UV、局部七彩UV、局部磨砂UV、局部皱纹UV、局部发泡UV等。

## 五、烫印

通过热压的方式将金属箔或颜料箔转移到印刷品表面的加工工艺叫做烫箔，俗称烫金，如图6-82～图6-85所示。首先把需要烫印的图形或文字做成凸版，然后在凸版下利用一定的压力和温度，把电化铝箔转移到承印物上，用来增加装饰效果。现在又有一种数码无版烫印机。

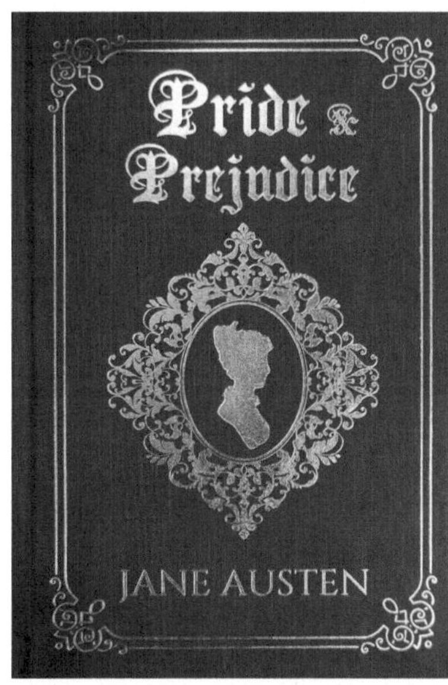


图 6-82 封面烫金（一）

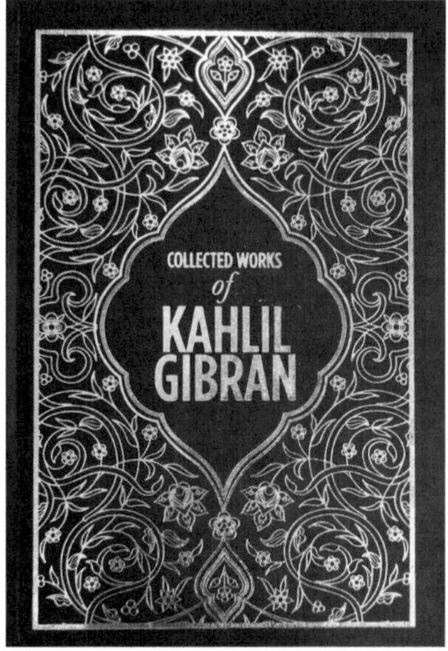


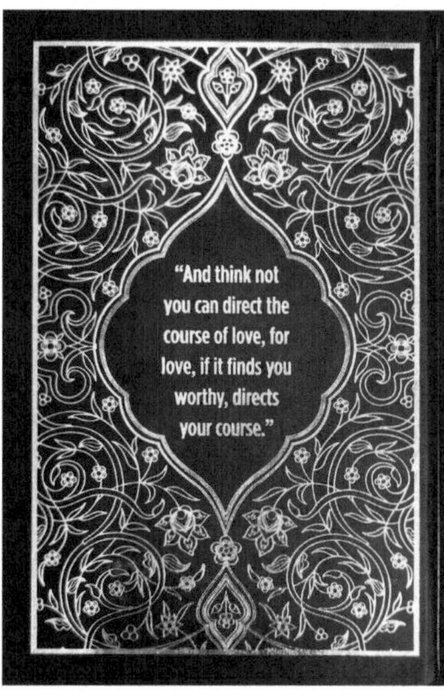


图 6-83 封面烫金（二）

图 6-84 封面烫金（三）

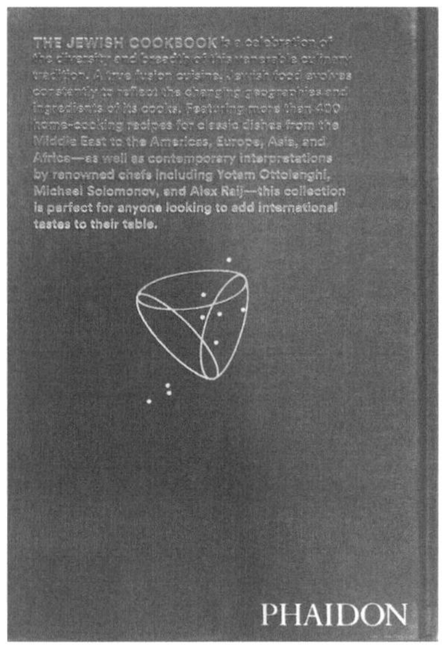


图 6-85 封面烫金银

传统烫金一般使用立式平压平烫印机，其结构类似于平压平凸版印刷机，烫金的印版是1.5mm以上的铜版或锌版，图文与空白的高低之差尽可能拉大。印版应粘贴或固定在烫印机的底板上，底板通过电热板受热，并将热量传给印版进行烫印。

烫印材料为电化铝箔。烫金不仅适用于纸张，也适用于棉布、丝绸、皮革、漆布、木材和塑料制品等，如图6-86 ~图6-89所示。

现在的烫印材料不仅色彩丰富，而且花样繁多，颜色有金、银、古铜、锡色、红、橙、黄、绿、青、蓝、紫、七彩等，分为亮光和哑光，纹样有素面、墨点、方格、小圆圈、晶点、流星雨、猫眼、雪花、流沙、碎玻璃、万花筒等，都具有色泽鲜艳、美观醒目的特点，如图6-90所示。有的专门适用于普通纸、特种纸、印刷油墨纸、OPP光哑膜、PVC、PET、ABS塑料等，有的专门适用于皮革、真皮、PU皮、PVC皮、漆布、植绒布、触感膜、书边、相框等，有的专门适用于全转移半转移烫印布匹、针织、绒布、皮革、牛仔布、尼龙面料等。

图 6-86 织物封面烫金

图 6-87 皮革封面烫金（一）

图 6-88 皮革封面烫金（二）

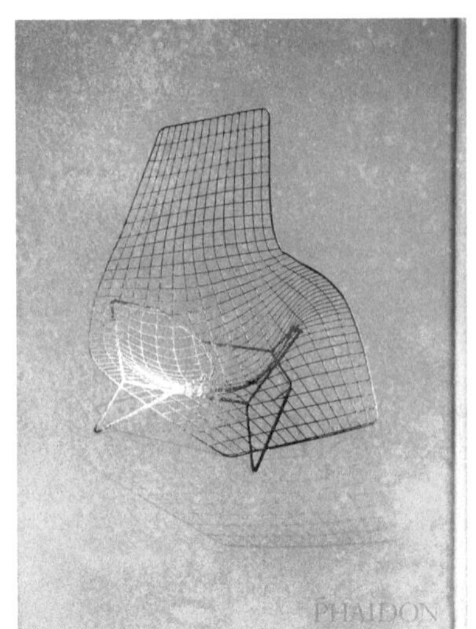


图 6-89 纸质封面烫金

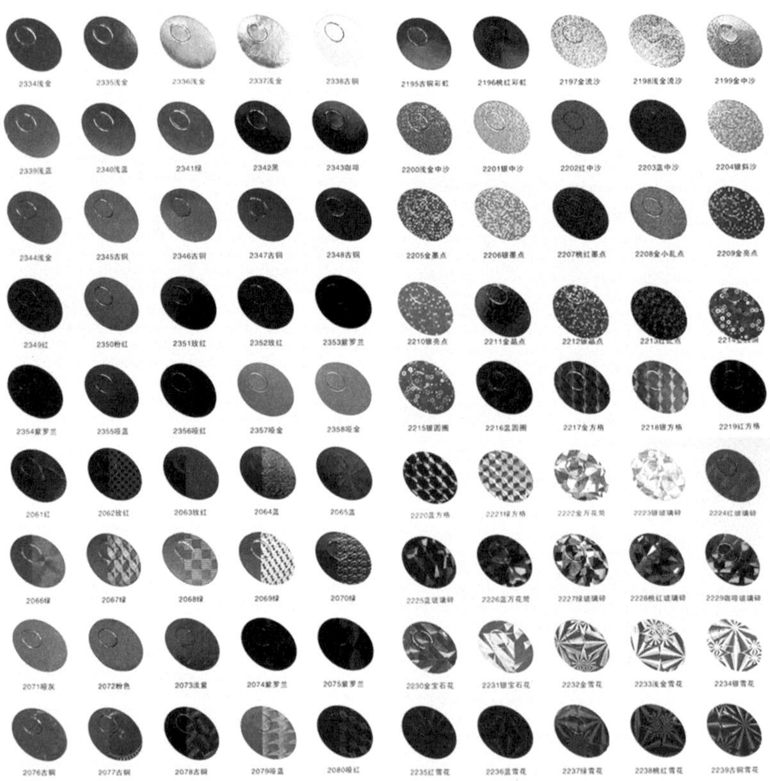


图 6-90 烫金材料色样

## 六、凹凸压印

也叫做压凹凸，就是利用压力而舍弃油墨，在承印物表面压出凹凸图文的工艺方法。首先制作出凹凸型的两块相匹配的压膜，之后再把纸张等承印物放到凹凸版中间，借助压力使承印物基材发生变形，呈现出不同粗细深浅的浮雕图文效果，如图6-91 ~图6-98所示。

图 6-91 压凹（一） 潘焰荣设计

图 6-92 击凸（一）

图 6-93 压凹（二） 任凌云设计

图 6-94 压凹（三） 袁银昌设计

图 6-95 击凸（二）

图 6-96 击凸（三）

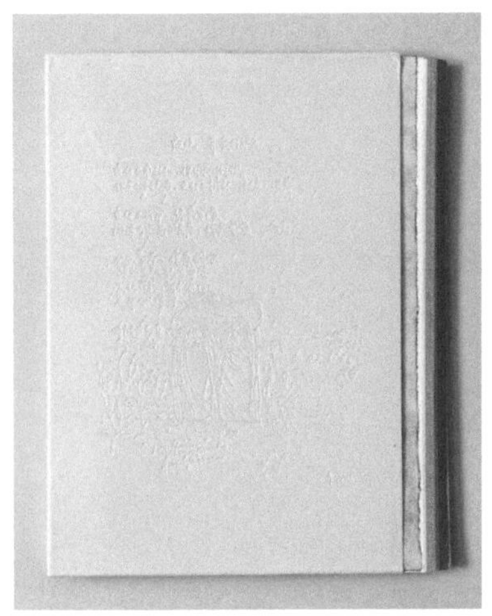

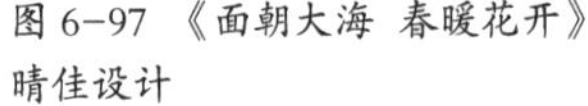

图 6-97 《面朝大海 春暖花开》 晴佳设计

图 6-98 《鲛》 青云设计

## 七、模切、压痕

模切是利用钢刀片排列成模、框，使用模切机把印刷品、纸片等模切成规定大小的形状。若是借助普通切纸机裁切不出的圆弧或者其他复杂形状的印刷品，都需要进行模切，如图6-99 ~图6-104所示。压痕是借助钢线通过压力，在印刷品或者纸片上压出痕迹或者压出方便弯折的槽痕。一般护封书脊、勒口和平装书书脊、书槽线等需要压痕。

有些印刷品根据设计需要，同时进行模切和压痕。一般把模切的钢刀片和压痕的钢线组合嵌排在一块模版内，在模切机上同时进行模切和压痕加工，装刀的地方可将纸切断，装线的地方则压出折线，称为“模压”。一般书籍的封面、护封、儿童书和包装盒常用到模压工艺，如图6-105所示。

图 6-99 儿童书模切（一）

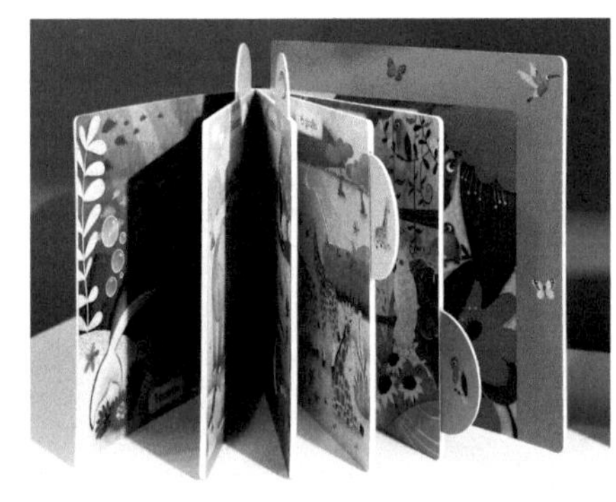

图 6-100 儿童书模切（二）

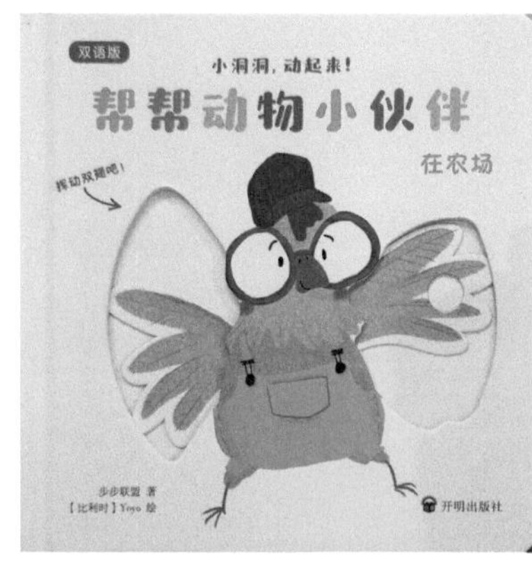


图 6-101 儿童书模切（三）

图 6-102 儿童书模切（四）

图 6-103 儿童书切口模切

图 6-104 书函模切 袁银昌设计

图 6-105 护封模切压痕

## 八、激光雕刻

激光雕刻又称激光雕刻，是指利用高能量密度的激光局部照射工件，使表面材料汽化或产生变色的化学反应，进而留下永久印记的一种打标方法。激光雕刻可以制作各种文字、符号以及图案，字符的大小从毫米到微米不等，其制作过程特别简单，类似利用电脑和打印机在纸张上进行打印。基于雕刻方式的不同，可以分为点阵雕刻与矢量切割（图6-106～图6-109）。

点阵雕刻就像清晰度较高的点阵打印，伴随着激光头的左右摆动，每次雕刻出由大量的点构成的线，同时伴随着激光头的上下移动，雕刻出多条线组成面，因而构成完整的文字、符号或图形。点阵雕刻可以利用扫描的文字、图形与矢量化图文。

图 6-106 点阵雕刻

图 6-107 矢量切割 we are:now 设计

图 6-108 激光雕刻封面（一）

图 6-109 激光雕刻封面（二）

矢量切割与点阵雕刻不同，矢量切割主要作用于文字与图形的外轮廓线，一般用于穿透切割木材、纸张以及亚克力等材料，同时也可以在材料表面进行打标操作。

激光雕刻适合多种材料，也可在纸张上做出精致的镂空效果。

### 九、折光印刷

折光印刷也称反光图纹印刷，主要是借助压印法在镜面承印物表面印出细致的凹凸线条，基于光的漫反射原理，能够使印刷品从不同角度反映光的变幻，呈现出具有层次的闪耀感或者三维立体的形象，如图6-110所示。所选择的承印物金属光泽越强，质地平滑度越高，光的反射力就越强，折光效果也会更好，可以参考铝箔类、电化铝等。

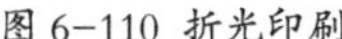
图 6-110 折光印刷

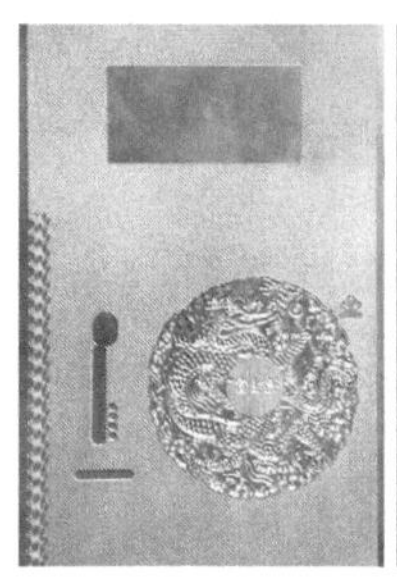
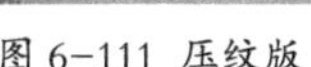
图 6-111 压纹版

### 十、压纹

压纹是利用有凹凸纹路的模具（图6-111），使印刷品在一定的压力作用下产生变形，从而对印刷品表面进行艺术加工的工艺技术。根据压纹方式可分为平板压纹与辊筒压纹。印刷品经过压纹后表面呈现出深浅不同的纹理和图案，可增强印刷品的艺术感染力。压纹作为印后加工工艺，多用于书函与封面设计，可在印刷覆膜后进行。特种纸里面的许多压纹纸，是在印前采用压纹的加工工艺。采用压纹纸印刷，有纹路的图文部分容易印不实，有时不能覆膜，而印后压纹避免了这些缺陷。

压纹又分为不套版压纹和套版压纹两种。不套版压纹，就是压成的花纹与印花的花型没有直接关系，如一些特种纸的压纹；套版压纹，就是按印花的花型压成凹凸形，使花纹鼓起来，可以起到美观与装饰的作用。如图6-112、图6-113所示。

图 6-112 不套版压纹

图 6-113 套版压纹

图 6-114 烫印与局部压纹

图 6-115 烫银与模切压痕

图 6-116 烫银与模切

有时一本书也可能会综合应用到多种工艺，这个要视设计需要与成本情况来决定。如图6-114用到了烫印与局部压纹工艺；图6-115、图6-116用到了烫银与模切压痕工艺。

# 第七章　概念书设计

概念书设计是书籍设计中的一种探索性行为，基于人们对书籍艺术的审美、阅读习惯以及对书籍的接受程度，从书籍的形态与材料工艺上进行前所未有的多元化尝试，旨在探索书籍新的设计语言和表现形式，亦或是寻找书籍设计在未来的发展方向。

## 第一节　概念书设计的意义

书籍设计是我国高校视觉传达设计专业开设的一门核心课程，该课程开设的主要目的是培养一批专业的书籍设计实用型人才。对于艺术教育而言，创造性思维培养是必不可少的，如何培养学生的创意思维能力是需要教育工作者不断探索的一个问题。而在书籍设计的教学过程当中，有一个相当重要的教学环节，那就是概念书籍设计。

概念书作为一种基于传统书籍概念上发展起来的全新书籍形式，寻求表现书籍内容的可能性，包含了书籍的理性编辑构架和物性造型构架，是书籍传达形态与观念上的创新。从材料到工艺，是一种寻求新的书籍设计语言的形式，是对书籍设计原有形态的一种新的解读和诠释，是一种从二维到三维甚至多维的转换。其意义在于期望它能更好地表达书籍设计的思想内涵，扩大受众对信息模式的接受范围，为人们提供接受多元化知识和信息的途径。

概念书设计是对书籍设计可能性的探索和尝试。在书籍设计的教学过程中引入概念书设计，有利于拓展学生的思维、激发学生的创意、培养学生的学习兴趣。以古今中外各种形式的历史书籍为基础，通过充分调动学生的发散思维和开发学生的动手能力，不断鼓励学生大胆尝试各种材料与工艺，大胆进行综合创新运用，同时对于学生在传统书籍设计方面也是非常有帮助的。图7-1 ～图7-7为学生的书籍设计作品。

图 7-1 《蜕变》梁佳庆 杨振海设计

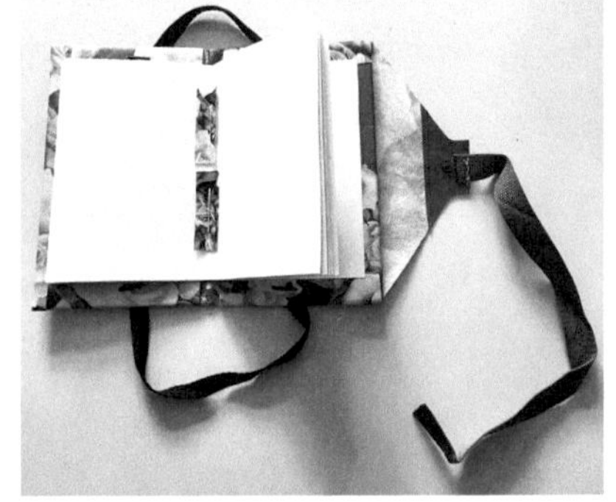

图 7-2 《拿戈玛第经集》陈诺设计

图 7-3 《拿戈玛第经集》胡瀚文设计

图 7-4 《拿戈玛第经集》魏冉冉设计

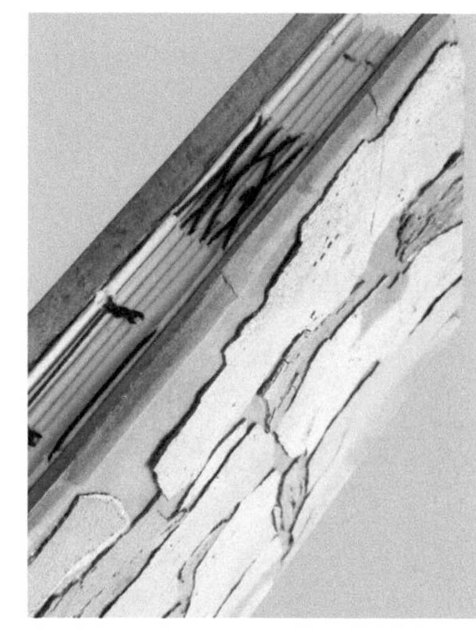

图 7-5 《仲夏集》 刁晓悦设计

图 7-6 《我的蝴蝶博物馆》 黄嘉橙设计

图 7-7 《渤海濒危动物造型插画设计》 张静涵设计

从概念书的设计角度来看，一本书有着无限的表现形式上的可能性，对学生进行正确的引导，利用发散思维去实现这种可能性，探索书籍设计发展的方向，这也是书籍设计教学的一个重要目标。

概念书设计的教学目标主要体现在两个方面：一方面，引导学生更好地从抽象的感性视角去理解书籍的整体设计；另一方面，是希望通过这种启发式的教学，让学生具有前卫的设计眼光和创造力，成为社会中的设计人才。

概念书设计重点强调的是对创造性思维的探索，因此十分注重对学生的发散性思维进行培养，即对学生创新能力的培养，日常教学中要充分拓展学生对书籍设计的理解，探索当代书籍的设计方向，通过以上方法来培养更多具有创新精神、创新思维与创新能力的设计人才。

## 第二节　书籍形态与材料工艺的探索

在概念书设计教学中，打破学生对于书籍的固有概念是极其重要的，因为这是学生创新思维的出发点，学生对于一种新的概念有着无限的想象力，并最终通过一定的信息载体表现出来。概念书设计的关键就是对传统书籍的概念界定提出质疑，因此必须从书籍的内容、版式、形态与工艺中进行新的构思，从而创造出新的书籍形式。而要达到上述要求，就要不断强调学生在学习的过程中转变思维方式，逐步适应新时代对书籍设计提出的新要求。综上所述，在概念书设计教学的开始，教师就必须引导学生转变设计观念，打破原有的思维定式，对书籍设计提出新的观点并进行全方位的探索。

在实施概念书设计的过程中，要不断引导学生进行多元化的思考，在书籍的内容形式上进行创新。书籍不仅是方正的六面体，同时也可以是其他各种各样的形态。学生在设计实施的过程中，要结合书籍的内容进行全方位的探索。在概念书的设计构思当中，还可以从书籍的审美与功能方面进行创新，既然书籍的功能是承载和传递信息，那么其他具有类似功能的形式能否可以与之结合并精美呈现？

书籍设计是在体量狭窄的一片天地里进行经营、耕作，既要创新又要体现书籍设计的内涵很难，因此要设计出新奇的书籍形态，就要从其他设计形式中寻找灵感。进行书籍形态的创新不是排斥书籍文化的内涵和书籍设计的基本形态，而是在现有形态的基础上展望书籍设计的未来和前景。

目前在我国流通的书籍中，由于技术和使用成本的限制，一些概念书无法进行大批量生产，此类概念书的受众相当狭小，主要集中于特殊的读者群或某些艺术家，再或者少数热爱概念书的人群，就像T型台上的服装一样，虽然现在不能流行，却为未来创造了潜在的可能性。

如今，许多概念书在形式上已经摆脱了传统的书籍模式，运用独特的视觉信息编辑理念和创造性的书籍表达语言来表现作者的思想观念与内涵，并且体现出极其强烈的个人特质，它们不单单只是传递信息的工具，也可称之为艺术品。从这个概念出发，概念书尚有无穷无尽的表现形式。设计师可以从传统的书籍形态出发，拓展出许多具有新概念的书籍形态，如图7-8 ~图7-12所示。

图 7-8 《隧道书》塞尔比 · 阿诺德设计

图 7-9 《隧道书》艾迪 · 哈特金思设计

图 7-10 《富士山》大野友资设计

图 7-11 《白雪公主》大野友资设计

图 7-12 概念书 美国 Isaac Salazar 设计

好的概念书的创意设计与工艺制作是密不可分的，概念书设计可以从材料和工艺方面入手，从而打破传统书籍形式的限制，根据不同书籍对应的不同内容，进行多方位多角度的创新与尝试。亚克力板、木材、金属都可以应用于概念书的设计之中，除此之外，还可以尝试玻璃、太

图 7-13 《科学的回忆》
桃乐丝·优尔设计

图 7-14 《现代拿戈玛第经集》
Hilke Kurzke 设计

图 7-15 《拿戈玛第经集》代勤进设计

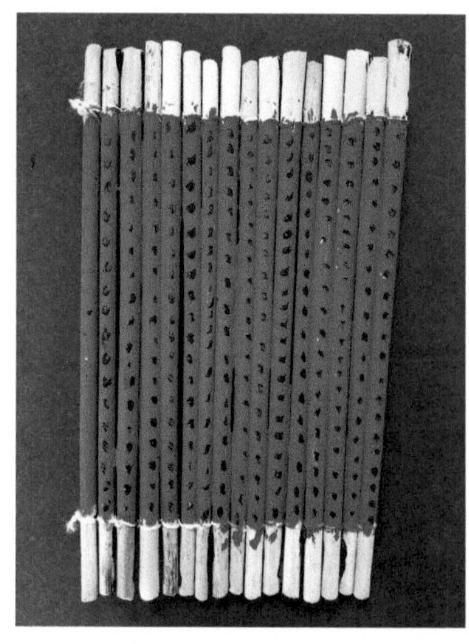

图 7-16 《书简》杨庆阳设计

图 7-17 《树洞》杨庆阳设计

空泥等材料，不同材料体现出不同的书籍质感，展现出不同的设计创意，甚至可以加入声、光、电子元件等，配合概念书的创意完整地呈现出设计意图，如图7-13 ~图7-17所示。

不同的材料有不同的质感，不同的质感会产生不同的视觉和触觉感受，包括动感的、静态的、繁复的、简约的、热情的、理性的、奢华

图 7-18 大观园街道“聚青春”青少年社会工作服务中心

的、朴素的等等。由材料而产生的视觉和触觉感受在书籍设计中非常重要，尤其是概念书设计。材料是获得全新感受、提升设计表现目的不可缺少的重要因素，如图7-18所示。

概念书的设计可以利用的材料非常之多，在该部分教学中，首先要鼓励学生大胆思考，不断观察和发现，在充分了解了书籍的本质和思想之后，充分发挥自己的想象力，通过富有勇气的探索与实验性的尝试来进行概念书设计。

不同的材料，能灌注不同的精神气质与内涵，“弦外之音，象外之象”，是对想象空间的追求，也是构成概念书的基本原则。在不游离书籍主题的前提下，可借助材料的特性表达更深层的感受，开拓更广泛的创意，为阅读提供更广阔的想象空间。

“探索是人类精神的本质”，“路漫漫其修远兮，吾将上下而求索”，在概念书的探索、设计与实践上，还要期待大家的共同努力。

# 参考文献

[1] 最美的书 . http://www.beautyofbooks.cn/index.html.

[2] 吕敬人 . 书艺问道：吕敬人书籍设计说 [M]. 上海：上海人民美术出版社，2017.

[3] 何方，尹章伟，熊文飞，宋新娟 . 书籍装帧设计 [M]. 武汉：武汉大学出版社，2005.

[4] 郑军 . 书籍形态设计与印刷应用 [M]. 上海：上海书店出版社，2008.

[5] 杨时荣 . 图书缀订的方式与步骤 [J]. 台湾图书馆管理季刊，第四卷第一期，1997.1.

[6] GH Zhu. 穿越古典与当代的线装书 . MONO.

[7] http://evelinkasikov.com.

[8] http://vintagepagedesigns.com/50-book-project/.

[9] 冯瑞乾 . 印刷概论 [M]. 北京：印刷工业出版社，2001.

[10] 赵小林 . 平面设计与印刷工艺 [M]. 长沙：中南大学出版社，2003.

[11] 门小勇 . 包装设计 [M]. 北京：中央广播电视大学出版社，2012.

[12] [ 英 ] 马克 · 盖德 . 平面设计师印前技术教程 [M]. 郝发义，吕剑，编译 . 上海：上海人民美术出版社，2006.

[13] 罗红霞 . 写给设计师看的印前工艺书 [M]. 北京：人民邮电出版社，2018.

[14] 吴艳芬，叶海精 . 包装工艺 [M]. 北京：中国轻工业出版社，2018.

[15] 雷俊霞，沈丽平 . 书籍设计与印刷工艺实训教程 [M]. 北京：人民邮电出版社，2012.

[16] [ 瑞士 ] 约瑟夫 · 米勒 · 布罗克曼 . 平面设计中的网格系统 [M]. 徐宸熹，张鹏宇，译 . 上海：上海人民美术出版社，2016.

# 后　记

本人曾从事多年的设计印刷实践工作，在目前的教学过程中，深感使同学们了解书籍设计与印刷工艺之间的联系的必要性。本书尽量从初学者的角度出发，以平实浅显的语言，配以大量图例，使同学们易于理解。

本书是本人多年工作的一个总结，其中关于印刷工艺和印前设计方面的内容，都是在向设计印刷界的朋友学习请教、在实践中逐步体会以及通过理论补充学习的结果，希望能对初学书籍设计的读者有一定的启蒙指导作用。本书可作为普通高等院校视觉传达设计专业书籍设计课程的教材和教学参考书，特别希望能对视觉传达设计专业的同学将来走向社会、更快地适应实际工作有一定的帮助。

本书从选题到定稿经历了一个漫长的过程。感谢我所结识的印刷行业的朋友们，无论过去、现在还是将来，他们都是我的良师益友。感谢李克教授，在百忙中为本书写序；感谢王烨、项潋两位编辑，从选题、修改到定稿给予我的指导与帮助；感谢张冠宇、张倩、赵丽、王慧敏、李新华、赵津研等同学利用软件为本书制图。

本书的图片大部分由本人拍摄于近期的书展及个人购买收集存书，结构示意图由本人与同学们利用AI软件制图。本书借鉴了许多前辈、专家、同行们的成果，感谢您的优秀作品为我们提供了学习借鉴的机会；部分图片未能找到设计者姓名，在此一并深表感谢。

由于本人水平有限，书中疏漏谬误之处在所难免，敬请专家、同行批评指正。

朱小乐

2023年10月